义务教育教科书

SHU XUE

数学

一年级　下册

主　　编　刘　坚　孔企平　张　丹
本册主编　张　红　刘可钦

北京师范大学出版社
·北京·

基础教育教材网址 http：// www.100875.com.cn
新世纪小学数学网址 http：// www.xsj21.com

绿色印刷　保护环境　爱护健康

亲爱的同学们：

你们手中的这本教科书采用绿色印刷标准印制，在它的封底印有“绿色印刷产品”标志．从2013年秋季学期起，北京地区出版并使用的义务教育阶段中小学教科书全部采用绿色印刷．

按照国家环境标准（HJ2503－2011）《环境标志产品技术要求　印刷　第一部分：平版印刷》，绿色印刷选用环保型纸张、油墨、胶水等原辅材料，生产过程注重节能减排，印刷产品符合人体健康要求．

让我们携起手来，支持绿色印刷，选择绿色印刷产品，共同关爱环境，一起健康成长！

北京市绿色印刷工程

出版发行：北京师范大学出版社　www.bnupg.com
北京新街口外大街19号
邮政编码：100875
印　　刷：北京强华印刷厂
经　　销：全国新华书店
开　　本：787 mm×1092 mm　1/16
印　　张：6.25
字　　数：150千字
版　　次：2013年12月第2版
印　　次：2017年12月第6次印刷
定　　价：6.25元
ISBN 978-7-303-15365-7

责任编辑：胡琴竹　胡　宇　　装帧设计：王　蕊
责任校对：陈　民　　责任印制：孙文凯　窦春香

亲爱的小朋友：

小朋友，你觉得数学有趣吗？和大家分享一下吧。相信接下来的学习一定会给你带来更多的快乐。

编者大朋友

目　录

一　加与减（一）

买铅笔

● 还剩几支铅笔？

□○□=□（支）

一根一根地减，还剩……

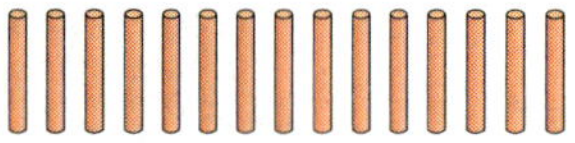

把15分成10和5。

$10-9=1$

$1+5=6$

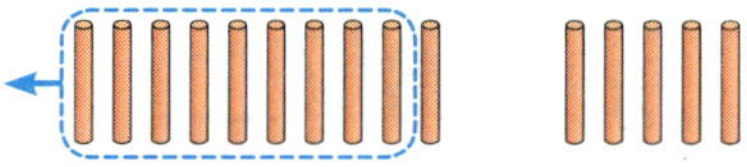

把9分成5和4。

$15-5=10$

$10-4=6$

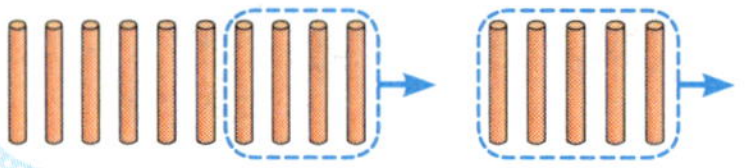

9再添上6就是15了。

$9+\boxed{6}=15$

$15-9=6$

答：还剩____支铅笔。

● 做一做，说一说。

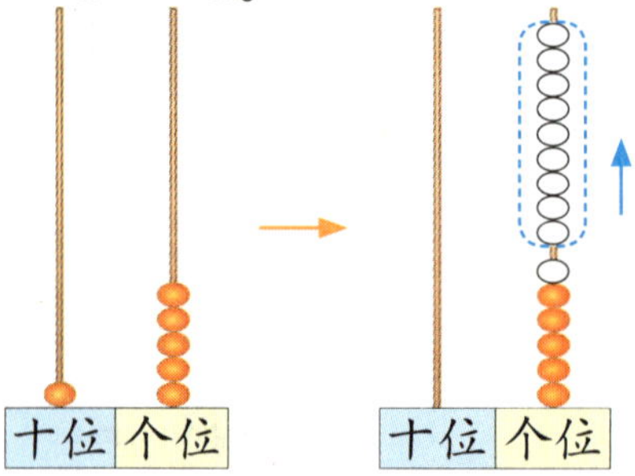

● 算一算。

$12-9=$□　　$17-9=$□

练一练

1. 用小棒或计数器做一做，算一算。

11 − 9 =　　　　18 − 9 =

2. 圈一圈，算一算。

13 − 9 = □（个）

16 − 9 = □（个）

3.

9 + 5 =

14 − 9 =

4.

10 − 9 =	11 − 9 =	16 − 9 =	13 − 9 =
18 − 9 −	19 − 9 =	12 − 9 =	15 − 9 =

5. 说一说，算一算。

□ − □ = □（个）

捉迷藏

● 藏起来的小朋友有多少个？

□○□=□（个）

$10-8=2$
$2+3=5$

$13-3=10$
$10-5=5$

$8+\boxed{5}=13$
$13-8=5$

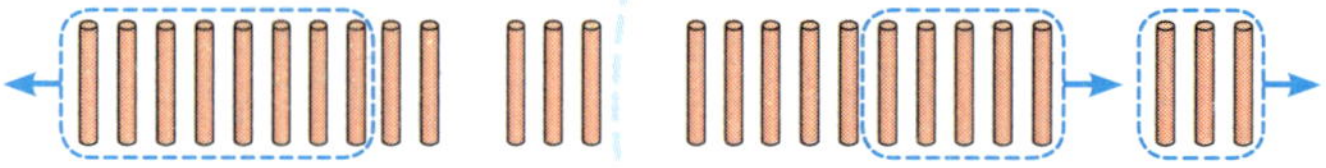

答：藏起来的小朋友有____个。

● 看一看，说一说。

$13-8=\square$

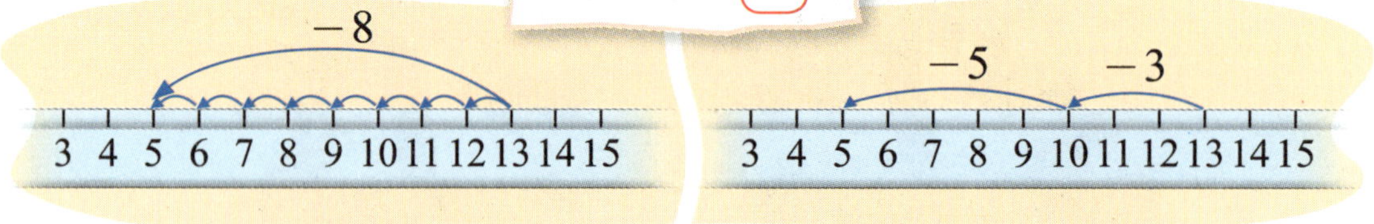

● 算一算。

$12-8=\square$　　　$17-8=\square$

练一练

1. 用小棒或计数器做一做，算一算。

11 − 8 =　　　　14 − 8 =

2. 画一画，填一填。

16 − 8 = □

3.

□ − □ = □ （只）

□ − □ = □ （个）

4.

13 − 9 =	14 − 8 =	17 − 7 =
14 − 9 =	15 − 8 =	17 − 8 =
15 − 9 =	16 − 8 =	17 − 9 =

5. 摘苹果。

快乐的小鸭

● 草地上还有多少只？

□○□=□（只）

12 − 7 = 5
10　2

12 − 7 = 5
2　5

7 + 5 = 12
12 − 7 = 5

答：草地上还有____只。

● 用小棒摆一摆，并说说你的计算过程。

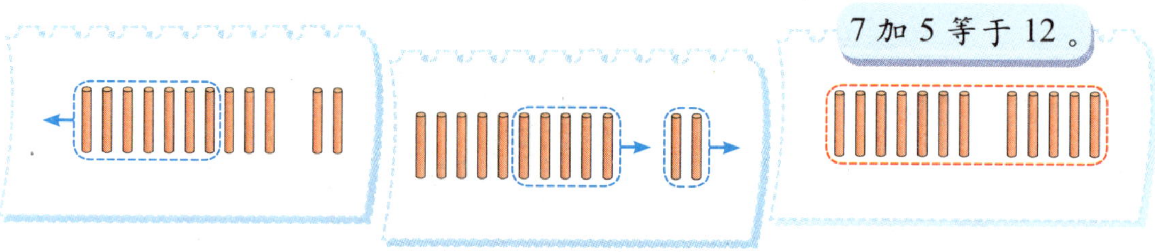

● 算一算，摆一摆。

11 − 6 = □　　14 − 6 = □

练一练

1. 算一算，用小棒或计数器说明你的计算过程。

14 − 7 =　　　　12 − 6 =

2. 画一画，填一填。

13 − 6 = □

4　5　6　7　8　9　10　11　12　13　14　15　16

3.

7 + 4 = □（只）

11 − 7 = □（只）

□ + □ = □（只）

□ − □ = □（只）

4.

15 − 6 =	13 − 7 =	16 − 7 =	15 − 7 =
12 − 7 =	11 − 6 =	14 − 6 =	13 − 6 =

5. 小熊射门。

□○□ = □（个）

开会啦

- 每人坐 1 把椅子，够吗？

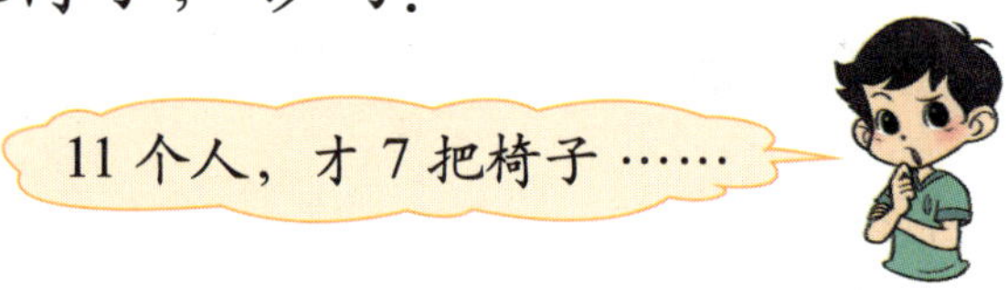

- 还缺几把椅子？

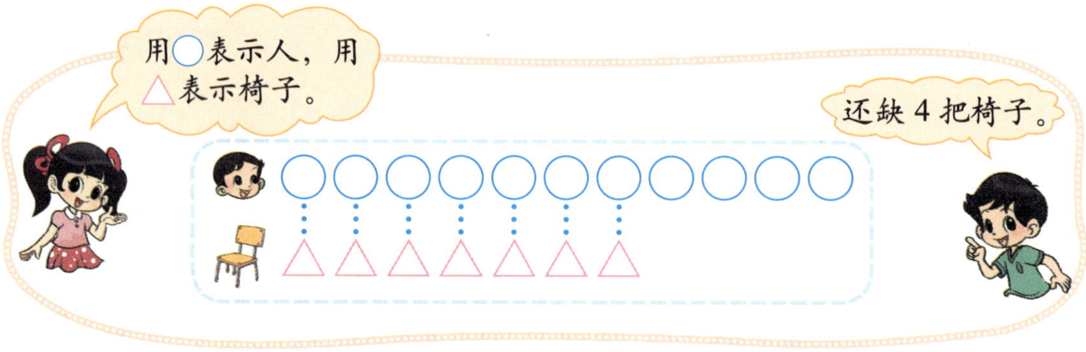

答：还缺____把椅子。

- 你能列式解决问题吗？下面的列式你同意吗？

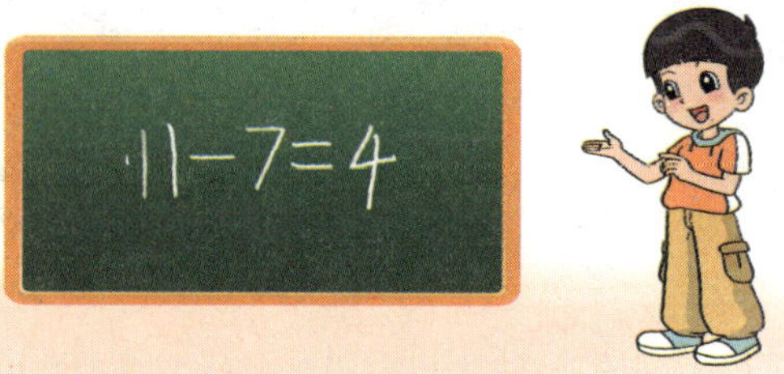

练一练

1. 每人 1 把，还差几把？

2.

(1) 每个小动物 1 个苹果，还缺多少个苹果？

(2) 再提出一个数学问题，并解答。

3.

12 − 8 =　　14 − 9 =　　15 − 9 =　　15 − 6 =

17 − 8 =　　13 − 7 =　　11 − 8 =　　14 − 6 =

4. □里填几？

8 + □ = 14　　6 + □ = 13　　□ + 9 = 11

14 − 8 = □　　13 − 6 = □　　11 − 9 = □

5. 填一填。

11 − 6 = 5

11	12	13	14	15	16	17
5						

17 − 7 = 10

11	12	13	14	15	16	17
						10

跳伞表演

● 比 多几个？

□○□=□（个）

答：比 多____个。

● 比 少几个？

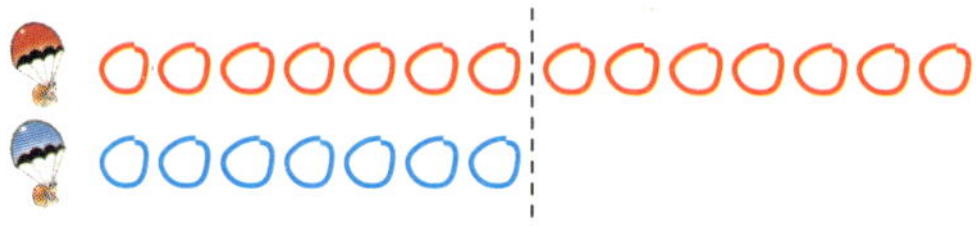

□○□=□（个）

答：比 少____个。

● 比一比，算一算。

□○□=□（本）

□○□=□（个）

试一试

● 今天比昨天少生了几个蛋？

□○□=□（个）

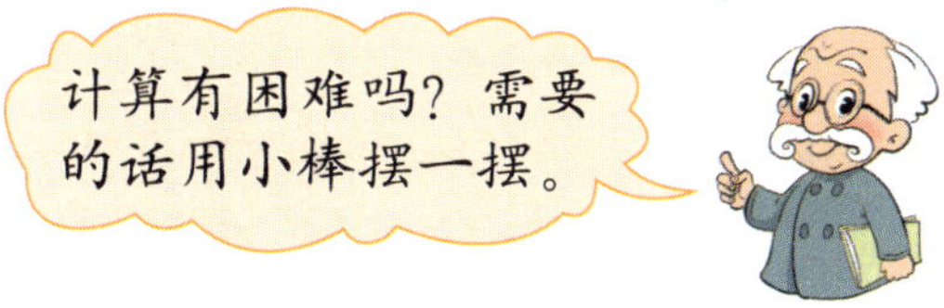

答：今天比昨天少生了____个蛋。

● 算一算，你发现了什么？

11 − 2 = □　　12 − 3 = □　　13 − 4 = □

练一练

1. 谁摘得多？多几个？

2.  比  少几朵？

□○□=□（朵）

3. 谁多？多几只？

□○□=□（只）

□○□=□（只）

4.

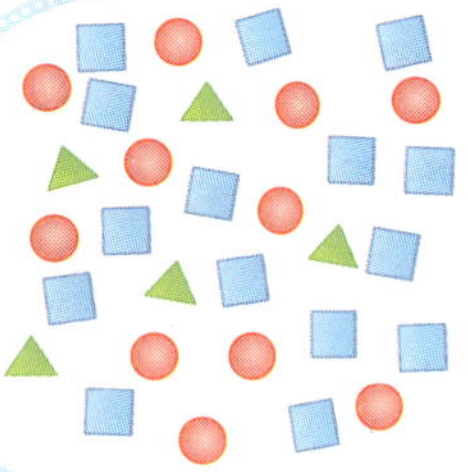

▲	（　）个
●	（　）个
■	（　）个

▲比●少□个。

□－□=□（个）

■比▲多□个。

□－□=□（个）

5. 送信。

11－3
11－2
11－4
14－5

13－5
12－3
12－5
12－4

6. 说一说。

比 20 小。

18－4=14

14

比 6 大 8。

5 本书和 9 本书加起来是 14 本书。

换一个数，再说一说。

7. 老师比学生少几人？

你还能提出一个数学问题并解答吗？

美丽的田园

● 说一说，图中有哪些数学信息？填一填。

空中有□只，树上有□只。
岸上有□只，河里有□只。
地上有□只，□只。

● 树上的小鸟比空中的少几只？

□○□=□（只）

答：树上的小鸟比空中的少____只。

● 淘气列式解决的是什么问题？

8+6=

● 再提出一个数学问题，并试着解答。

□○□=□（只）

练一练

1.

(1) 填一填。

有□只小松鼠，□只小鹿，□只小鸭。

(2) 小鹿比小松鼠多几只？

(3) 下面列式解决的是什么问题？

$17-9=$ □（只）

(4) 再提出一个数学问题，并试着解答。

2.

共有 12 支。

□○□=□（支）

共有 11 本。

□○□=□（本）

练 习 一

1. 圈一圈，算一算。

13 − 6 = □（个）　　15 − 9 = □（个）

2. 画一画，填一填。

18 − 9 = □

3.

15 − 7 =	16 − 7 =	12 − 6 =	17 − 4 =
15 − 8 =	16 − 8 =	16 − 4 =	14 − 7 =
15 − 9 =	16 − 9 =	16 − 6 =	14 − 6 =

4. 谁钓得多？

5. 1 把椅子配 1 张桌子，还缺几张桌子？

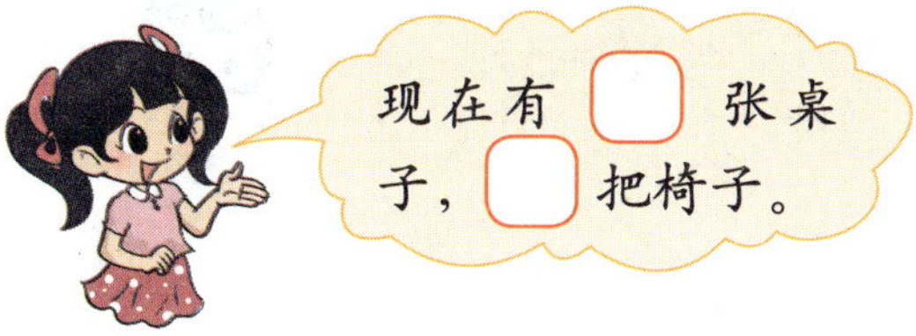

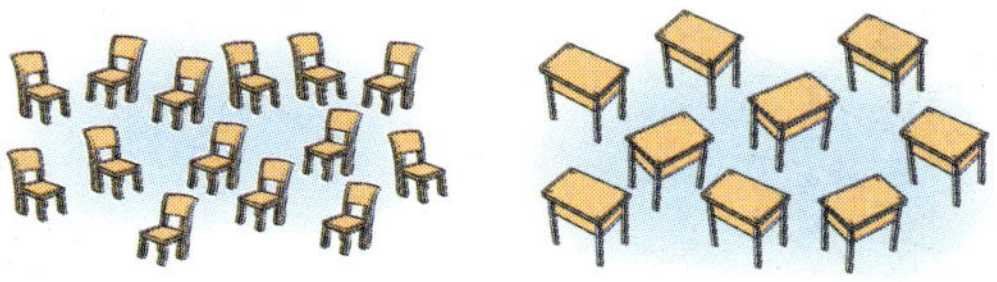

6. 写算式。

5　14　9	4　8　12	7　6　13
5 + 9 = □	□ + □ = □	□ + □ = □
9 + 5 = □	□ + □ = □	□ + □ = □
14 − 5 = □	□ − □ = □	□ − □ = □
14 − 9 = □	□ − □ = □	□ − □ = □

7.

(1)  有 □ 只， 有 □ 只， 有 □ 只。

(2)  比  多 □ 只。

□ ○ □ = □（只）

(3)  和  共有 □ 只。

□ ○ □ = □（只）

8. 提出两个数学问题，并试着算一算。

9. 看谁说得多。

□ ○ □ = 12
□ ○ □ = 12
□ ○ □ = 12

14 = □ ○ □
14 = □ ○ □
14 = □ ○ □

做个减法表

● 像上图中小朋友那样找一找，排一排。

● 把下面的减法表填完整。

10 − 1	10 − 2	10 − 3			10 − 6			10 − 9
11 − 2		11 − 4	11 − 5			11 − 8		
12 − 3	12 − 4		12 − 6	12 − 7				
13 − 4	13 − 5			13 − 8	13 − 9			
14 − 5			14 − 8	14 − 9				
15 − 6		15 − 8						
	16 − 8	16 − 9						
17 − 8								
18 − 9								

● 说一说，你发现了什么规律？

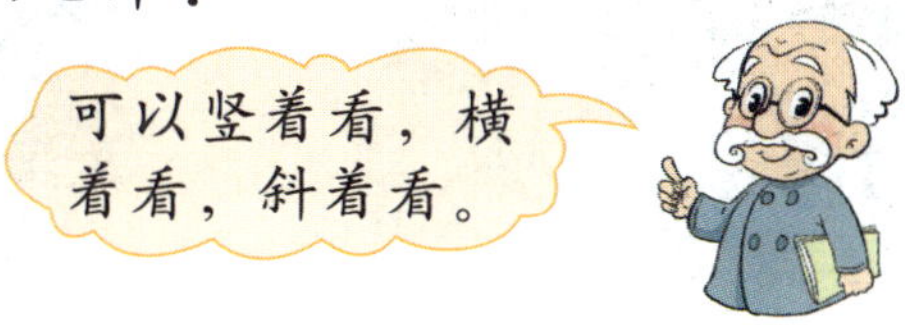

二　观察物体

看一看（一）

● 从不同方向看看，说说你看到了什么。

● 小霞看到的是哪幅图？（画“√”）

● 分组和同伴一起看一看，说一说。

练一练

1. 下面哪幅图是淘气看到的？（画“√”）

2. 它们分别看到的是什么？连一连。

3.

12－7＝	16－8＝	13－5＝	7＋6＝
11－4＝	9＋3＝	17－9＝	14－6＝

4. 下面的图分别是谁看到的？连一连。

看一看（二）

● 从不同方向观察，说说你看到了什么。

● 他们分别看到的是下面哪幅图？连一连。

小明　　　　小华　　　　小亮

● 从书包的背面看，会看到哪幅图？（画“√”）

从书包的侧面看，会看到哪幅图？（画“○”）

练一练

1. 它们分别看到的是什么？连一连。

2. 看一看，说一说，下面哪幅图是淘气看到的？哪幅图是笑笑看到的？

(1)

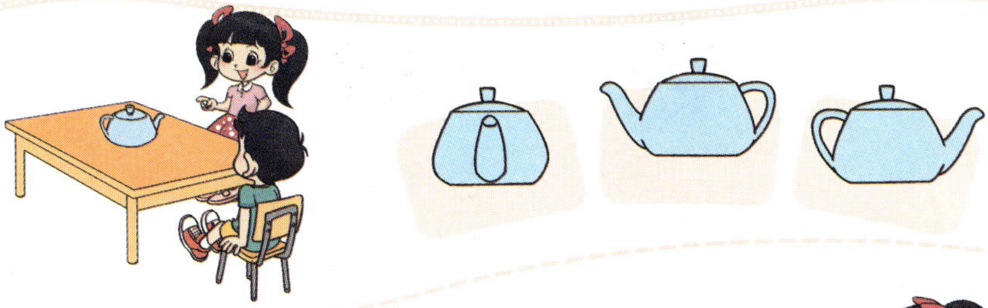

(2)

3. 连一连，说一说。

三 生活中的数

数花生

● 淘气和笑笑各有多少个花生？一个一个地数一数。

● 数得对吗？

● 换一种方法数一数。

练一练

1. 一个一个地数，数出三十六个花生。

五个五个地数，数出八十个花生。

2. 说一说。

3. 在下面各数的后面，连续数出五个数来。

二十三　五十六　七十七　八十九　九十五

4. 圈一圈，数一数。

5. 和各有多少个？说说你是怎么数的。

数一数

有多少根小棒？数一数，认一认。

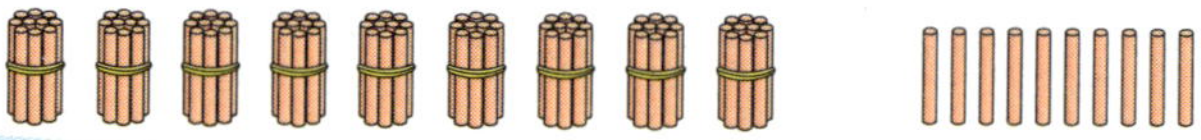

有多少个小方块？数一数。

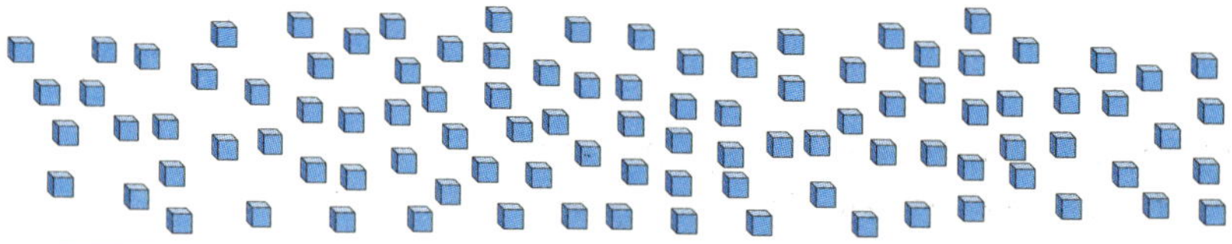

圈一圈，数一数。

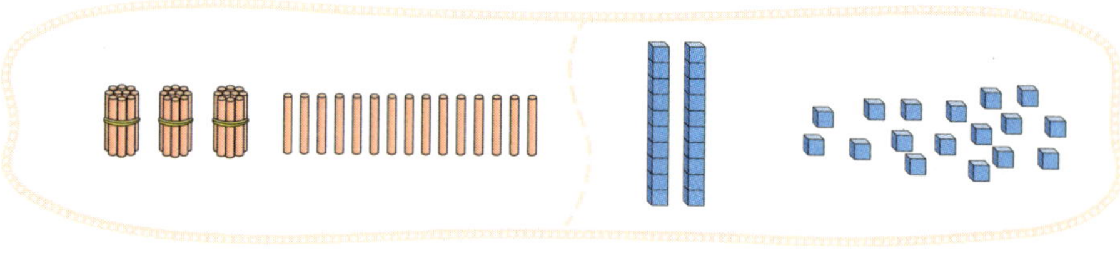

练一练

1. 圈一圈，数一数，有多少根小棒？

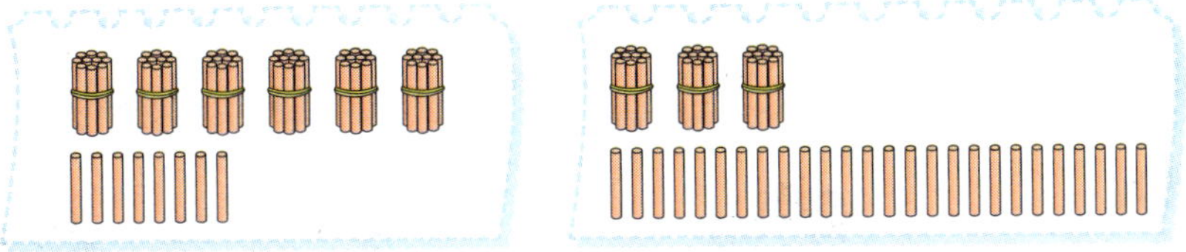

2. 圈一圈，数一数，有多少个小方块？

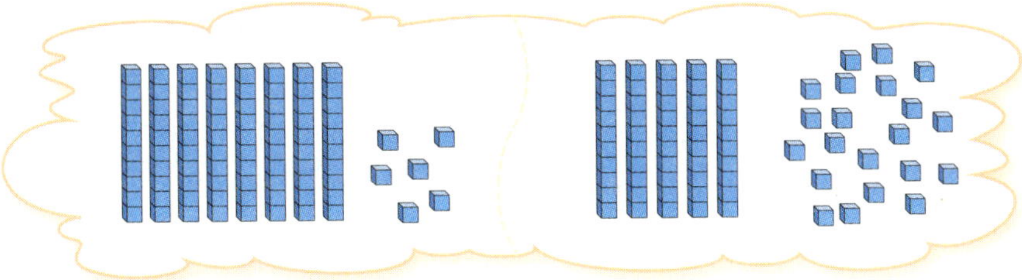

3. 圈一圈，数一数，有多少个鸡蛋？

4. 数一数，再添多少就变成一百了？

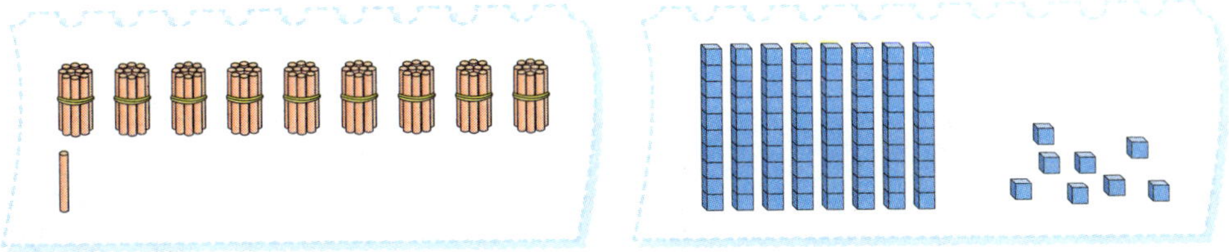

5. 读一读，说一说。

古时候，人们用在石板或动物骨头上刻上一道道深痕的方法来计数。

如图是人们发现的大约3万年前的狼骨，你能看懂古人是怎么计数的吗？

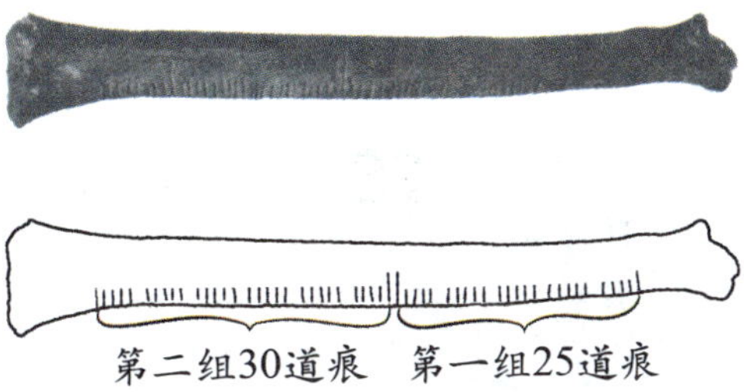

数豆子

● 抓一把，估一估，数一数。

● 怎么拨，怎么写？

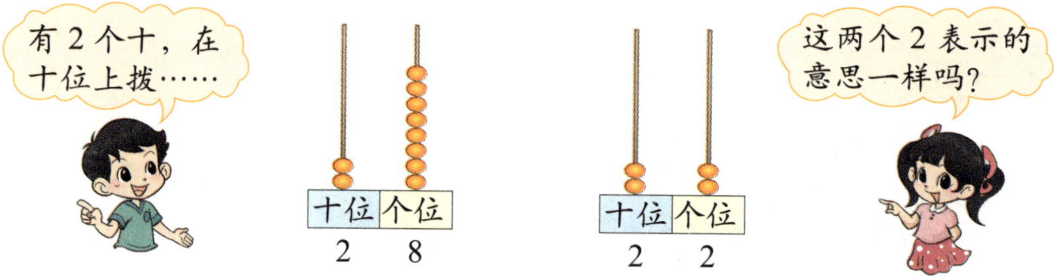

● 拨一拨，认一认。

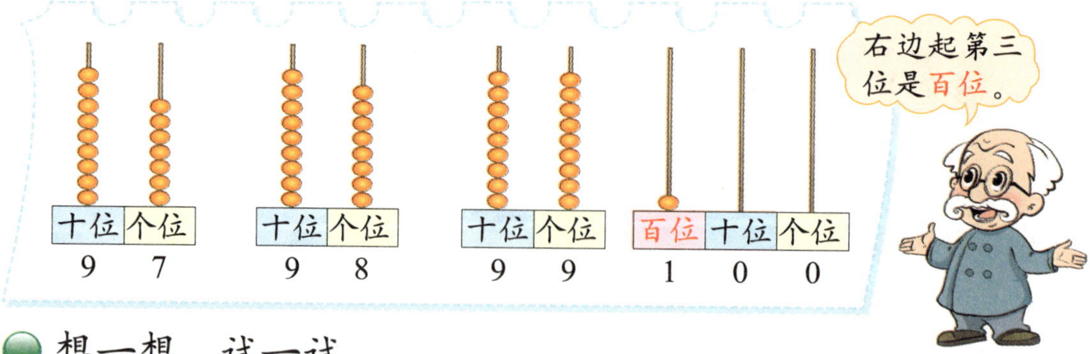

● 想一想，试一试。

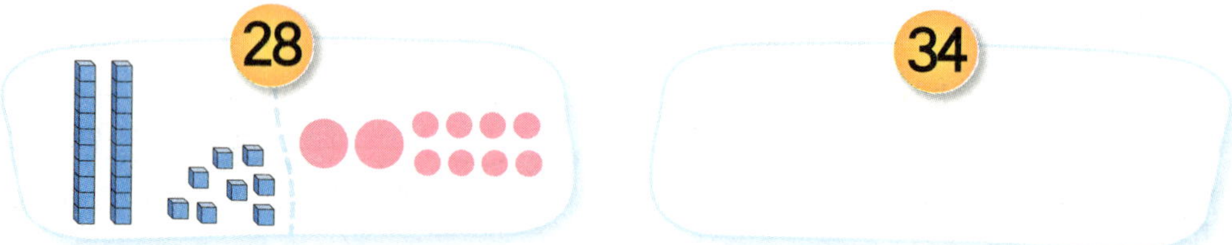

练一练

1. 做一做，填一填。

（ ）个十和（ ）个一是 26。

2.

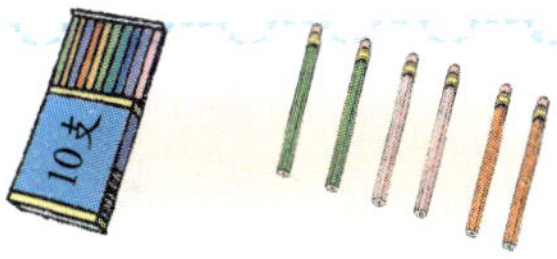

（ ）个十和（ ）个一是（ ）。

（ ）个十和（ ）个一是（ ）。

3. 写数。

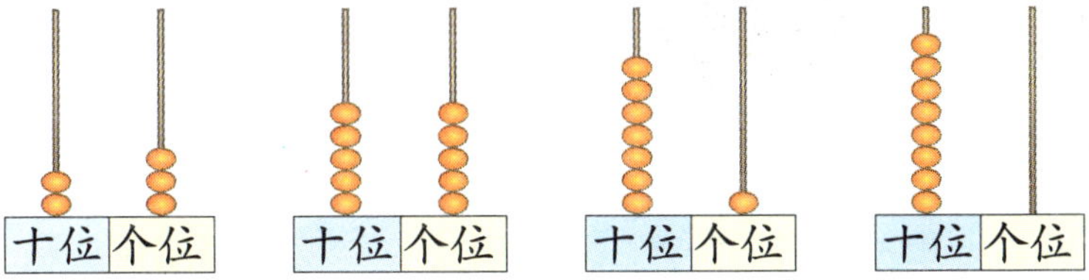

（ ）（ ）（ ）（ ）

4. 想一想，试一试。

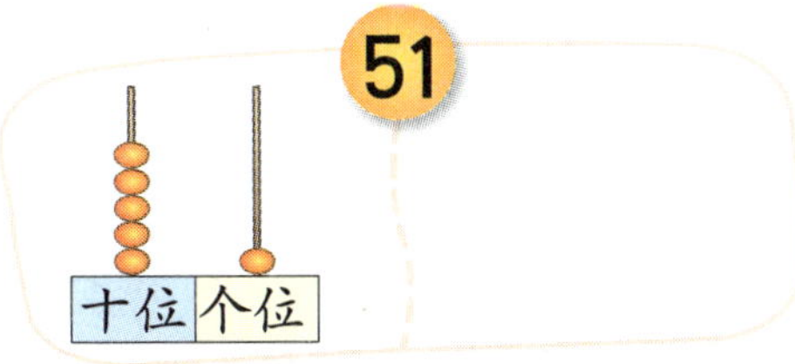

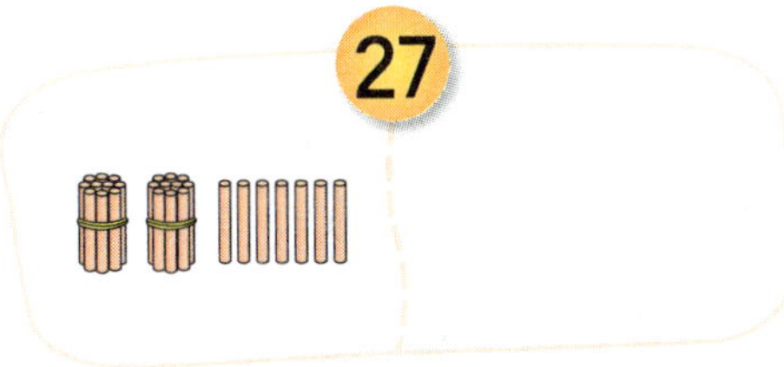

5. 找找生活中的100。

谁的红果多

● 谁的红果多？

● 做一做，填一填。

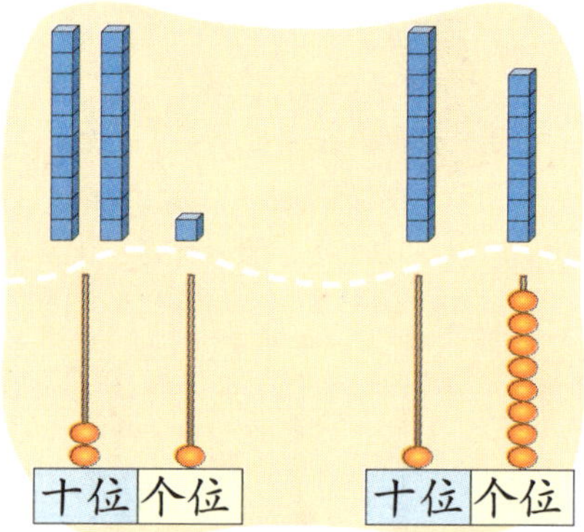

□ > □

● 写一写，比一比。

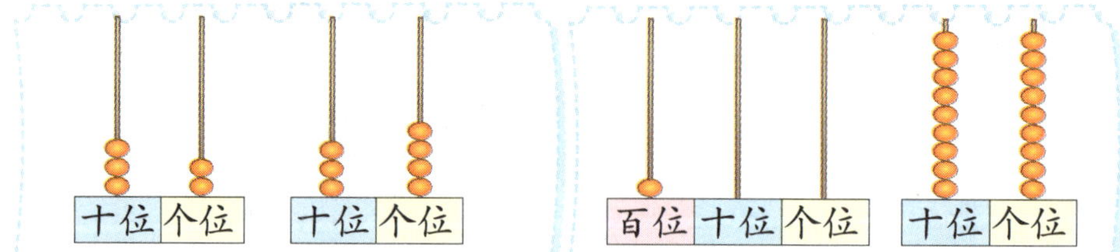

(　　) ○ (　　)　　(　　) ○ (　　)

● 看一看，填一填。

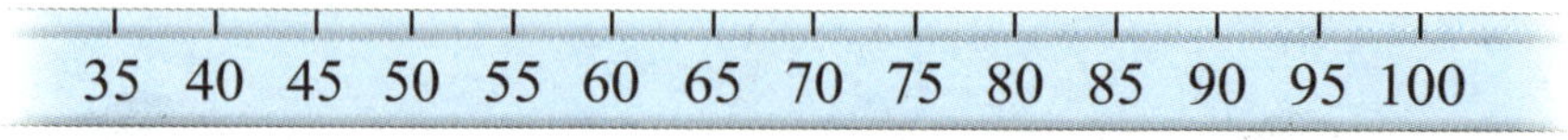

45 < □　　90 > □

练一练

1. 比大小。

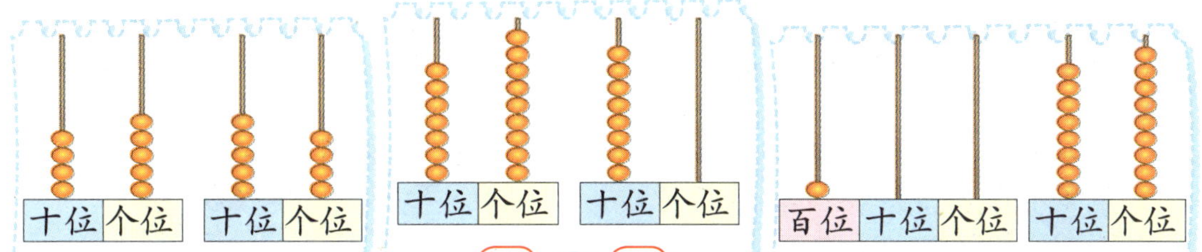

45 ◯ 54　　　　□ ◯ □　　　　□ ◯ □

2. 填一填。

15＜□　　　　□＞89　　　　□＜30　　　　80 ＞□

3. 连一连。

4. 用●表示10，用▬表示1，在比30大的数下面画“√”。

□　　　　□　　　　□

5. 学校一年级有多少个班？哪个班人数最多？哪个班人数最少？

小小养殖场

● 说一说，谁多？谁少？

● 18，26，90，97四个数中，有一个是兔子的只数，猜一猜。

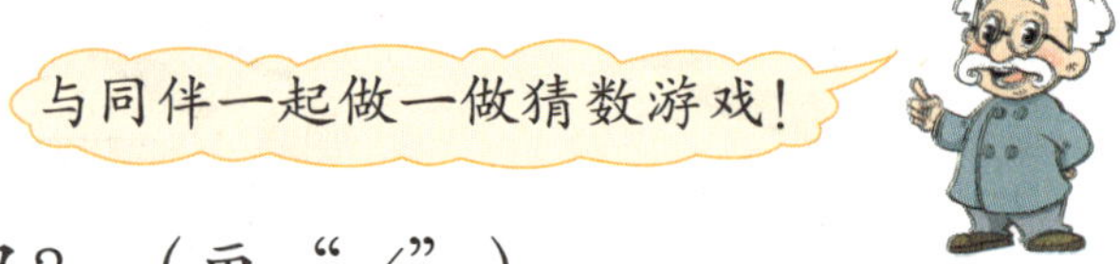

● 想一想，羊可能有多少只？（画“√”）

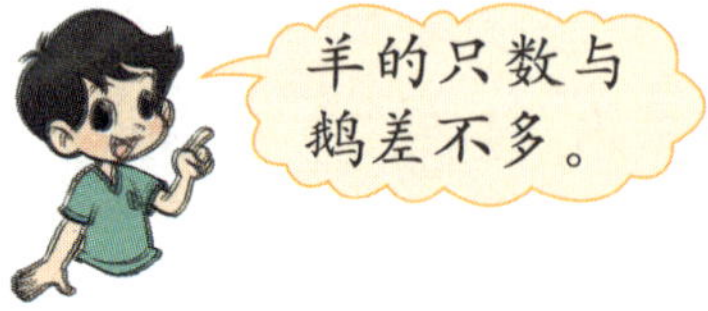

70只	26只	3只

练一练

1. 跑步的有 86 人。

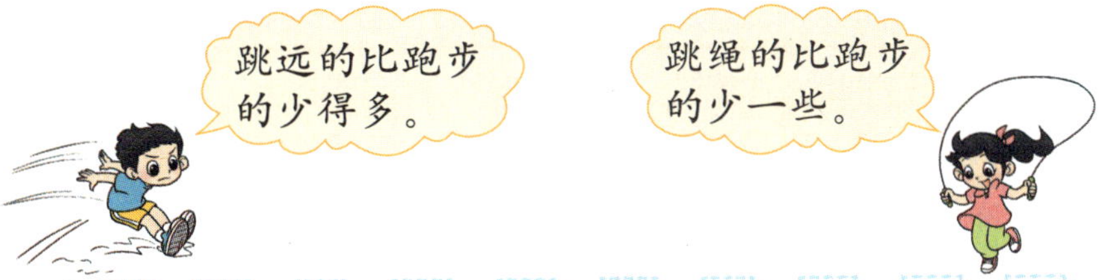

跳远的可能有多少人？（画“○”）

跳绳的可能有多少人？（画“√”）

88 人	12 人	76 人

2.

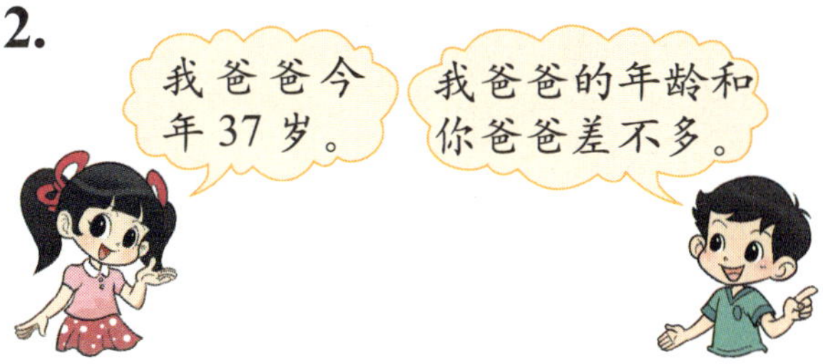

淘气的爸爸今年可能多少岁？（画“√”）

39 岁	50 岁	28 岁

3.

在你认为合适的答案下面画“√”。

30 个	55 个	90 个

做个百数表

● 看一看，填一填。

1									10
	12							19	
		23					28		
			34			37			
				45	46				
				55	56				
			64			67			
		73					78		
	82							89	
91									100

● 说一说，你发现了什么？

● 想一想，填一填。

12	13	14
	23	24
		34

58		60
78		80

	67	

练一练

1. 在填好的百数表上涂一涂，看一看，和同伴说一说你发现了什么。

(1) 把个位上的数是“0”的涂上绿色。

(2) 把个位上的数是“7”的涂上蓝色。

(3) 把个位和十位上的数相同的涂上黄色。

(4) 把个位上的数比十位上的数少 1 的涂上红色。

2. 小熊写门牌号。

3. 看一看，填一填。

4. 想一想，填一填。

27	28	
	38	
		49

	31	
40		42
	51	

	85	

练 习 二

1. 填一填。

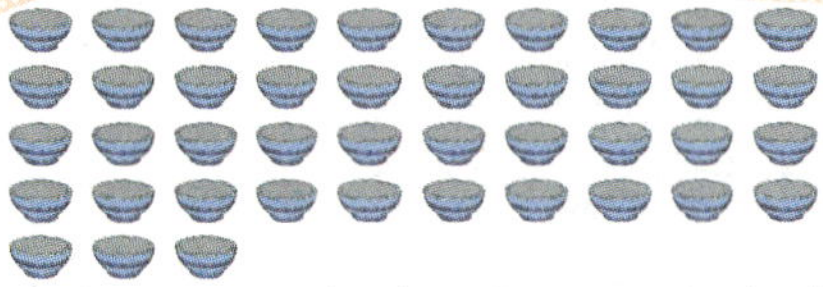

（ ）个十和（ ）个一是（ ）。（ ）个十和（ ）个一是（ ）。

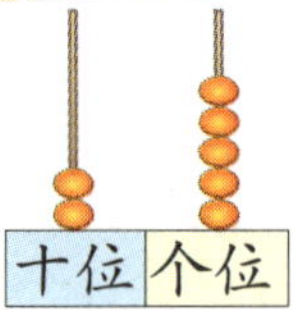

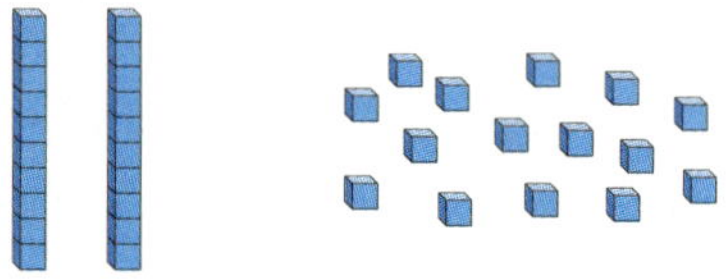

（ ）个十和（ ）个一是（ ）。（ ）个十和（ ）个一是（ ）。

2. 我拨你写。

3. 谁吃的虫子最多？（画“○”）谁吃的虫子最少？（画“✓”）

4. 按规律填一填。

5. 小鸟回家（连线）。

6. 在你认为合适的答案下面画“○”。

(1)

大猴子可能摘了多少个桃子？

96 个	42 个	35 个

(2)

故事书可能有多少本？

85 本	99 本	40 本

7. 在计数器上拨四个珠子，可以表示什么数？画一画，写一写。

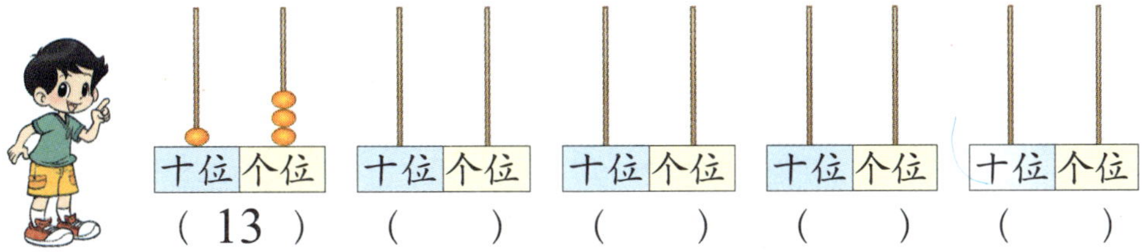

8. 用 2 5 8 三张卡片中的两张组成两位数，最大的数是多少？最小的数是多少？

四　有趣的图形

认识图形

做一做，你能得到哪些图形？认一认。

分一分，连一连。

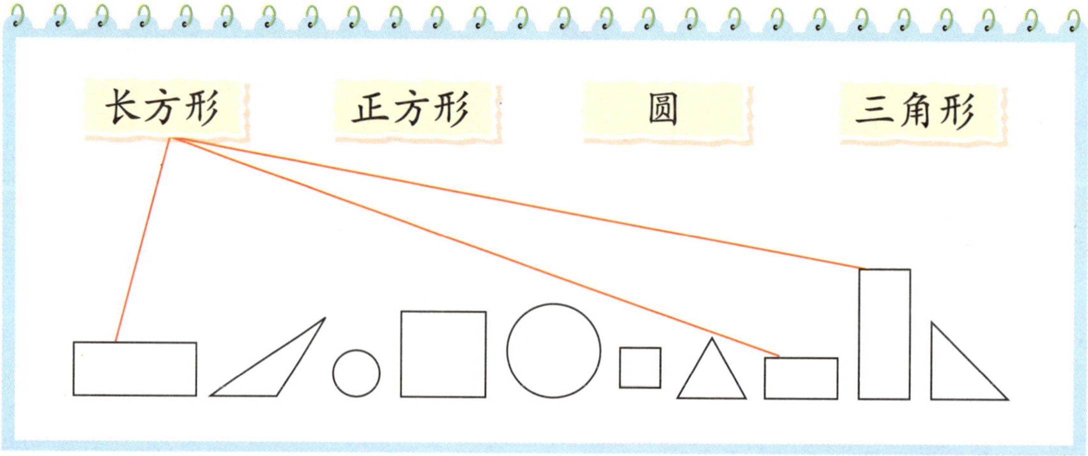

说一说，你还在什么地方见过这些图形？

练一练

1. 连一连。

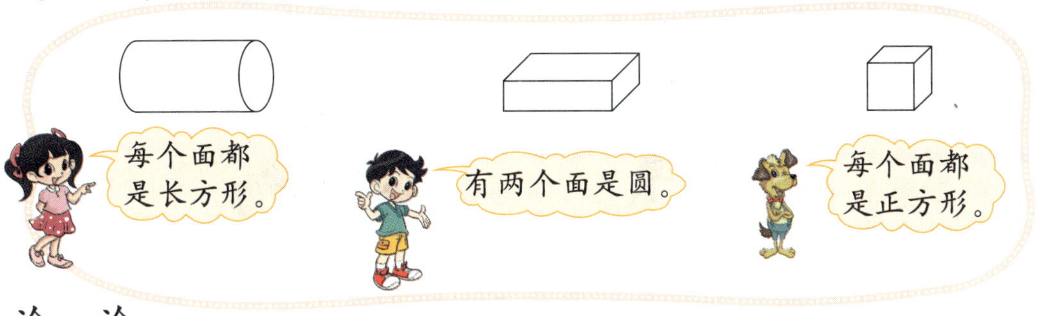

2. 涂一涂。

3. 请在点子图上画出一个长方形、一个正方形、一个三角形。

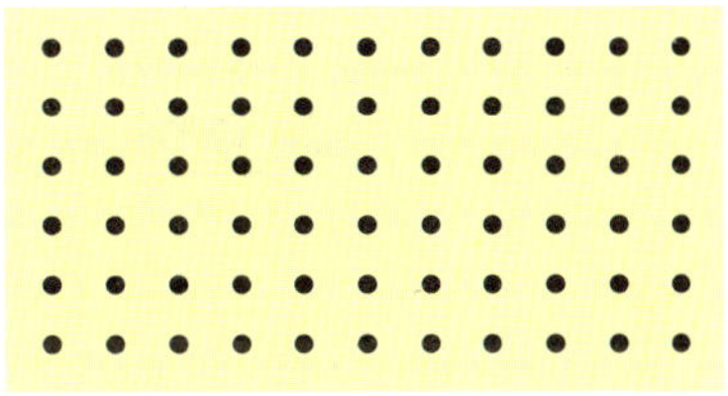

4. 想一想，请你接着画下去。

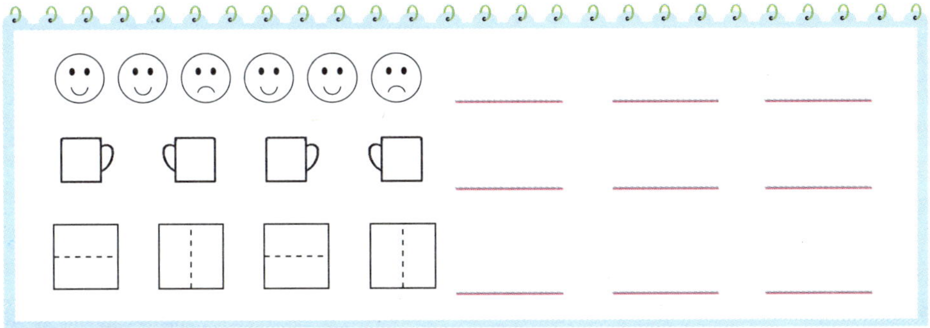

5. 数一数。

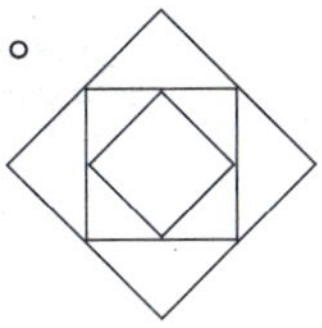

图中有____个△，有____个□。

动手做（一）

● 把附页图 1 中的正方形的纸折成一样的两部分，怎么折？剪一剪，比一比。

● 把附页图 2 中的长方形、三角形、圆形的纸分别折成一样的两部分，怎么折？剪一剪，比一比。

● 用剪出的图形照样子拼一拼。

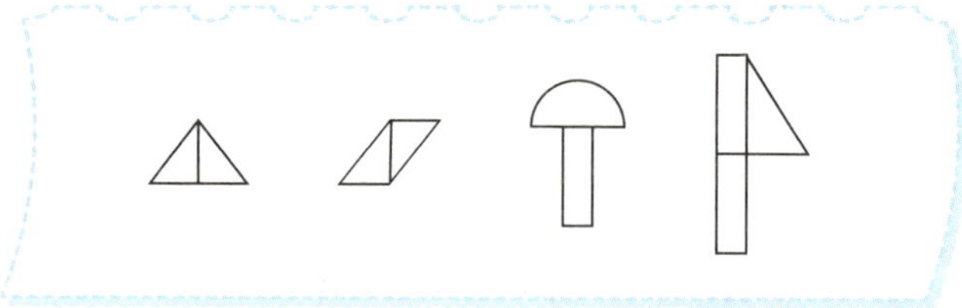

● 与同伴合作，还能拼成别的图形吗？

练一练

1. 折飞机。

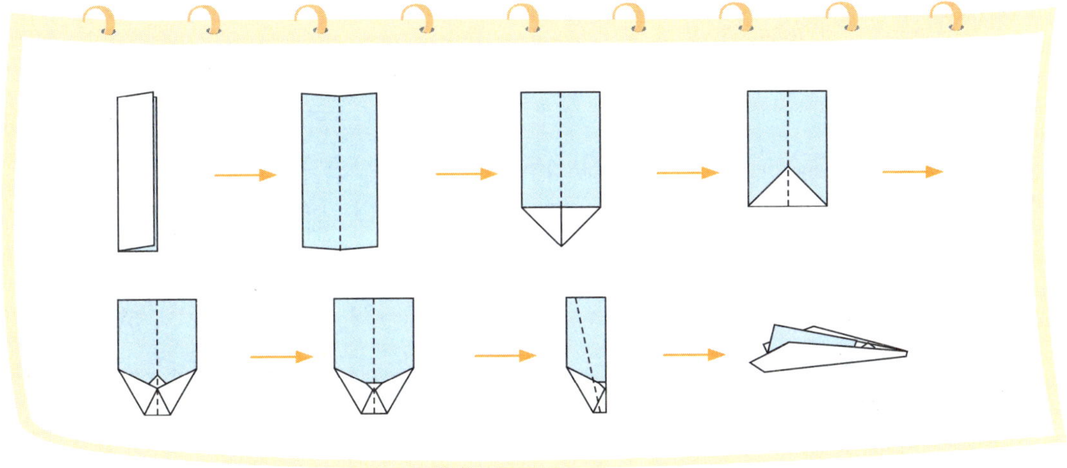

2. 下面的拼图像什么？利用附页中图 3 剪一剪，拼一拼。

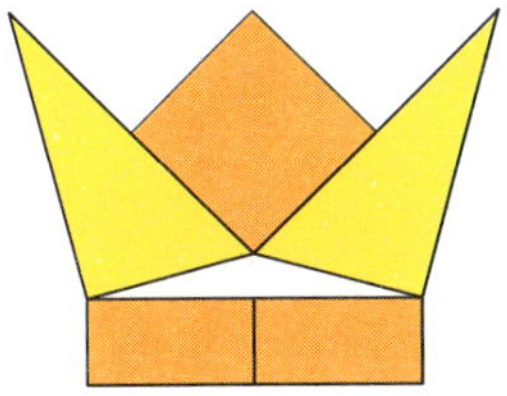

你还能拼出其他有趣的图形吗？

3. 你能用一张长方形的纸，折出一个正方形吗？试一试。

4. 将一张正方形的纸剪成四个一样大小的三角形，用这些三角形可以拼出哪些图形？

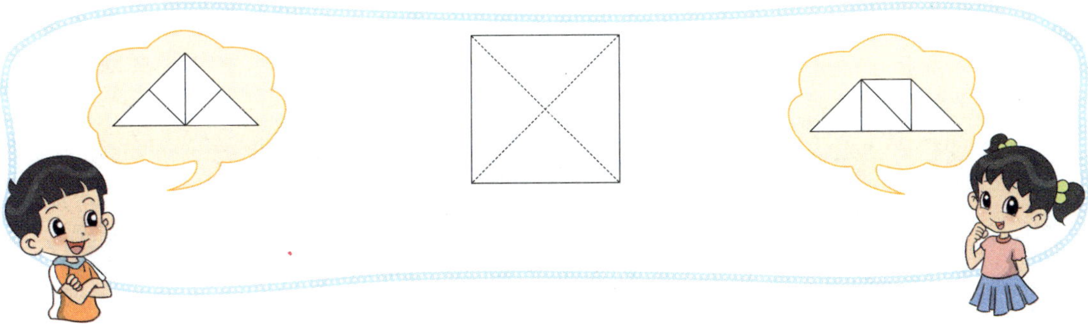

动手做（二）

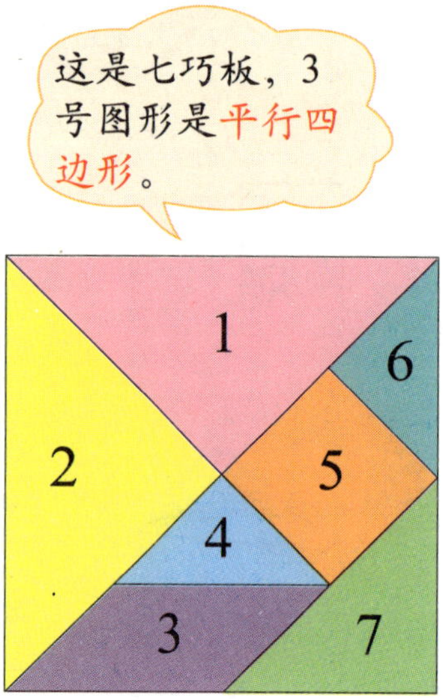

宋朝有个叫黄伯思的人发明了一种桌子，可以根据吃饭人数的不同，把桌子拼成不同的形状，比如3人拼成三角形，4人拼成四方形……有意思吧！

后来，这种桌子演变成了一种玩具，它十分巧妙好玩，人们叫它“七巧板”。

● 说一说，填一填。

七巧板由_____种图形组成，其中有_____个三角形。

1号和_____号图形、4号和_____号图形是完全一样的。

● 试一试，拼出一个正方形。

● 试一试，拼出一个三角形。

练一练

1. 拼一拼，想一想，拼出的图形像什么？

2. 下面的图形说的是“守株待兔”的故事，请你拼一拼。

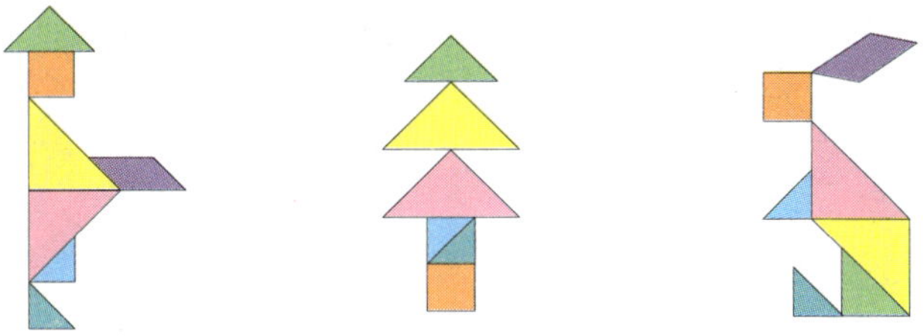

3.

$8+9=$	$14-8=$	$15-7=$	$12-4=$
$11-3=$	$13-6=$	$17-5=$	$14-2=$

4. 发挥你的想象力，用七巧板拼出一个你最喜欢的图形，并展示给同学。

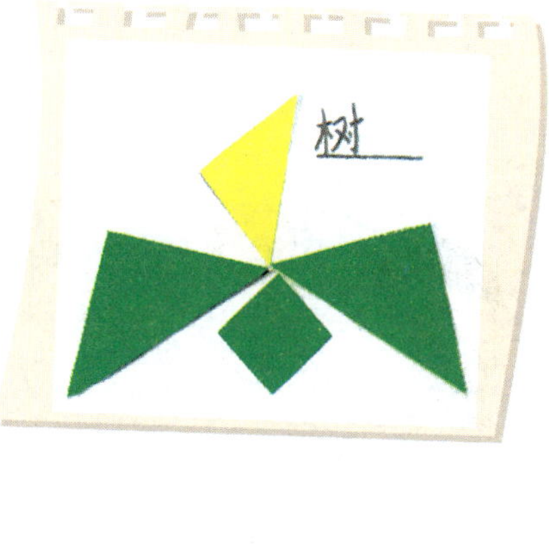

动手做（三）

● 欣赏下面的图案，找出你认识的图形。

风车

兔子

金鱼

万花筒

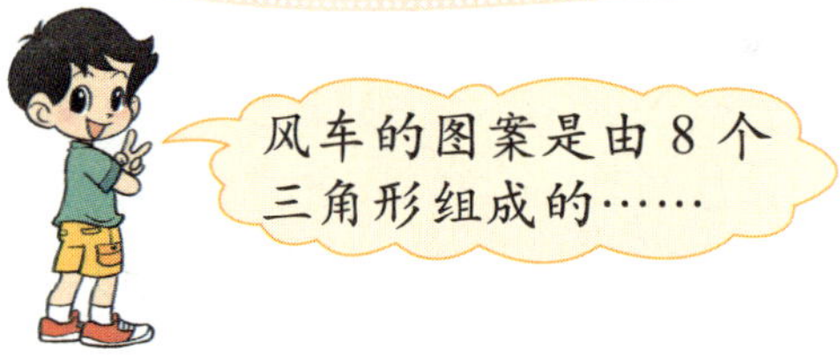

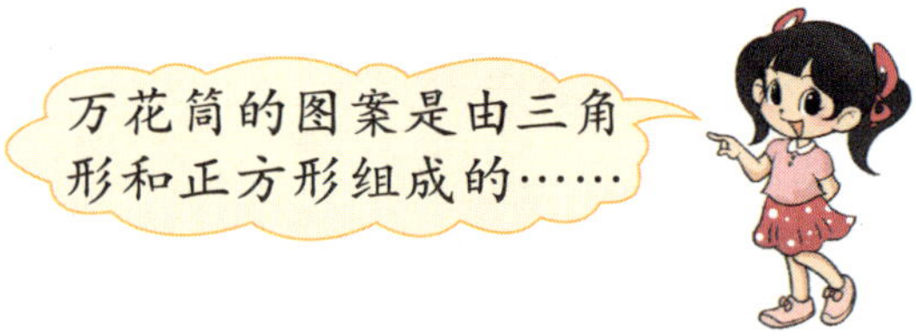

● 和同伴合作设计一个图案，说一说用到了哪些图形。

练一练

1. 找到和左上角形状相同的图形，涂一涂。

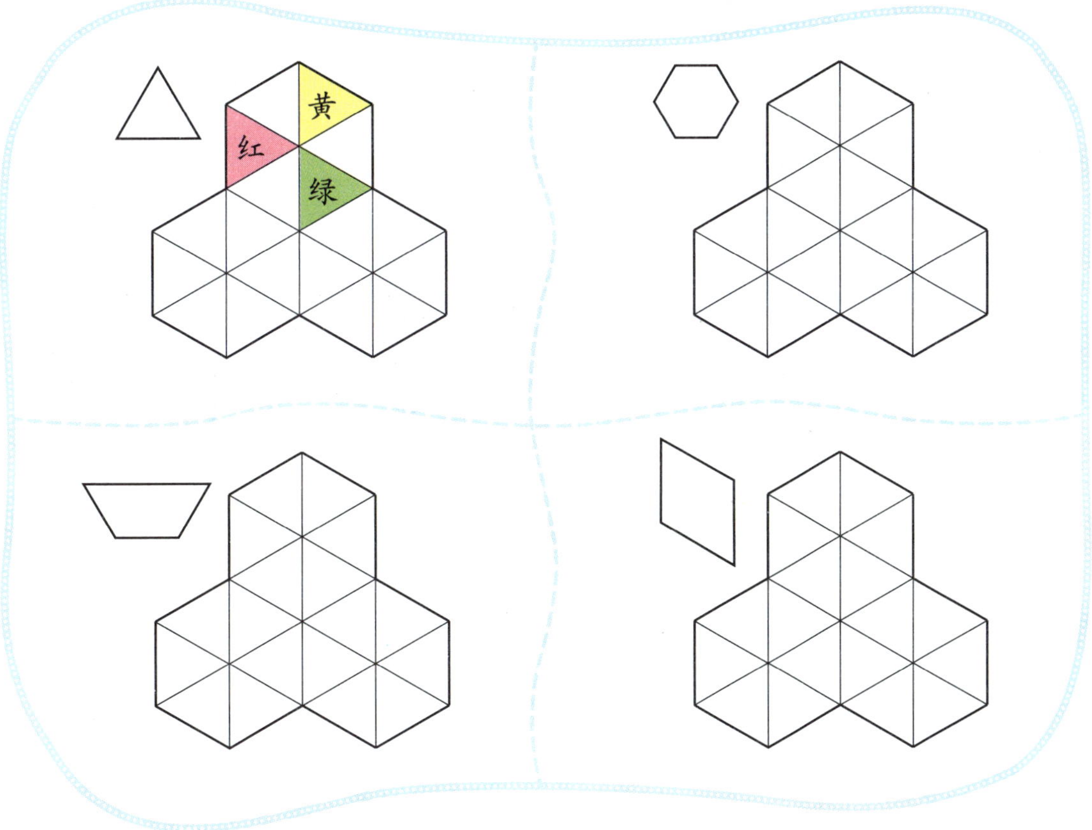

2. 在点子图上用学过的图形设计一个图案，说一说用到了哪些图形。

整理与复习

我学到了什么

比一比

小猫比小象少几个盘子？画图说明你的想法。

算一算，和同伴说说你的计算过程。

连一连

选你喜欢的玩具，从不同方向看一看，说一说。

说一说

10 个十。

比 99 多 1 。

100

2 个 50 。

100 个一 。

找一个比 20 大的数，像这样说一说。

拼一拼

你能看出我拼的是什么吗？我用到了哪些图形？

你能用七巧板拼出长方形吗？能拼出几种？

我的成长足迹

我花了很长时间用七巧板中的5块板拼出了一个正方形。

有的问题我不会，摆摆小棒就明白了。

以前我只会一种比大小的方法，通过小组讨论我又学会了一种。

我在调查中印象最深的一个数是……

我提出的问题

七巧板中为什么没有长方形？

为什么能够站稳的都是立体图形？我们能想办法让平面图形站稳吗？

生活中的数数不完，咱们能学完吗？

妈妈说还有负数，负数是比0还小吗？那怎么可能呢？要这样的数有什么用呢？我怎么也写不出比0小的数。

巩固应用

1. 用小棒或计数器做一做，说说你是怎么算的。

8＋5＝　　11－6＝　　17－8＝　　13－5＝

2. 画一画，填一填。

16－8＝□

3.

10－8＝	8＋4＝	12－4＝	14－6＝
15－6＝	5＋7＝	17－9＝	3＋8＝
11－3＝	15－8＝	14－9＝	11－2＝

4.

3＋9＝□	7＋6＝□	14－5＝□	18－9＝□
12－3＝□	13－□＝□	15－4＝□	19－8＝□
12－9＝□	13－□＝□		

5.

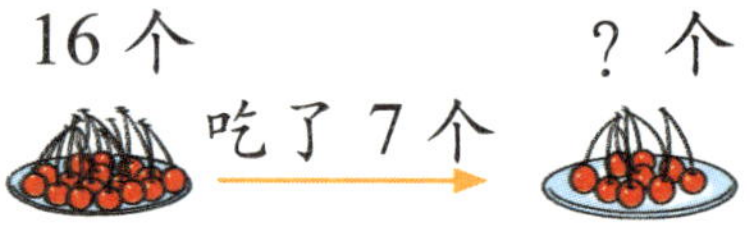

□○□＝□（个）

□○□＝□（个）

6. 比寿命。

15 年	9 年

提出一个数学问题，并解答。

7. 画一画，拨一拨。

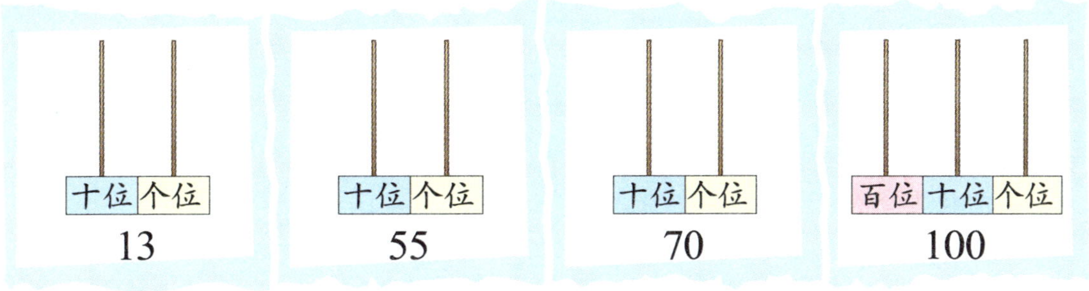

8. 他们分别看到的是什么？连一连。

9. 你能用学过的图形拼一个漂亮的图案吗？如果觉得有困难，可以仿照下面的图案拼一个。

可爱的小朋友　　做早操弯弯腰　　公鸡

10. 踢毽子。

(1) 小文和小丽一共踢了多少下？

(2) 小文比小丽少踢多少下？

(3) 小军再踢多少下就和小丽一样多？

11. 笑笑用下面的图表示23，你能用同样的方法表示32吗？

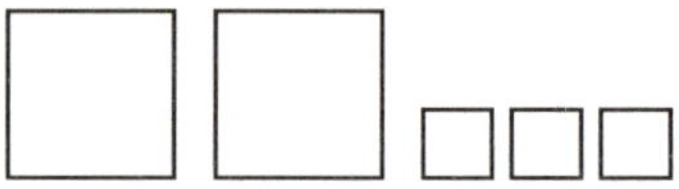

12.

淘气可能收集了多少个？（画“√”）

45个	80个	30个

13. 在○里填上“>”“<”或“=”。

36○63　　65○60　　45○45　　89○100

19○91　　100○92　　42○39　　31○29

14.

柳树可能有多少棵？（画“√”）

42棵	81棵	15棵

（1）柏树比松树多多少棵？

（2）提出一个数学问题，并解答。

（3）补充信息解答问题：松树与槐树相比，谁多？多多少棵？

五　加与减（二）

小兔请客

● 一共有多少个果子？

□○□=□（个）

十个十个地数，30，40，50。

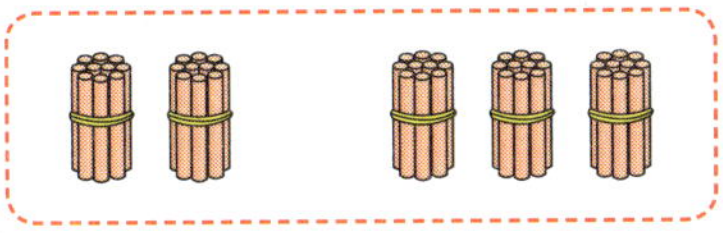

2 个十加 3 个十得 5 个十，是 50。

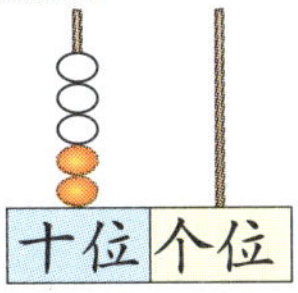

2+3=5
20+30=50

答：一共有____个果子。

● 还剩下多少个果子？

□○□=□（个）

数一数，50，40。

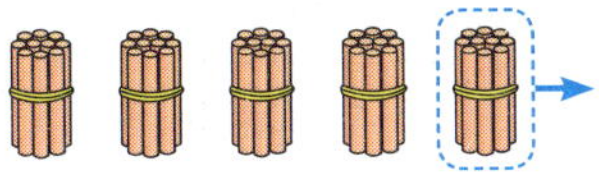

5 个十减 1 个十得 4 个十，是 40。

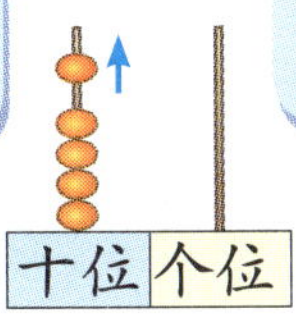

5−1=4
50−10=40

答：还剩下____个果子。

● 认一认。

20 + 30 = 50（个）
20：加数　30：加数　50：和

50 − 10 = 40（个）
50：被减数　10：减数　40：差

练一练

1.

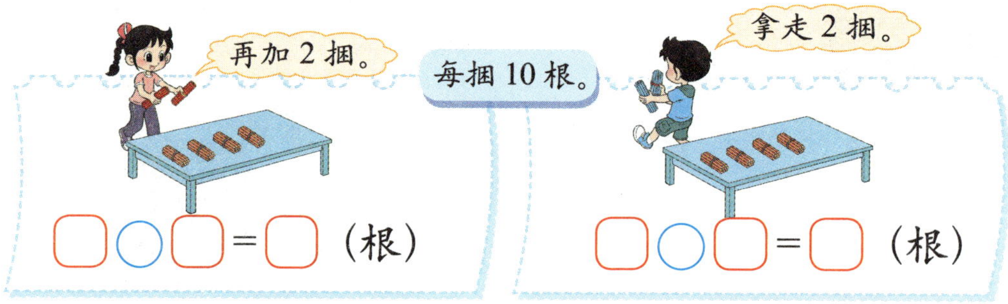

2. 看一看，填一填。

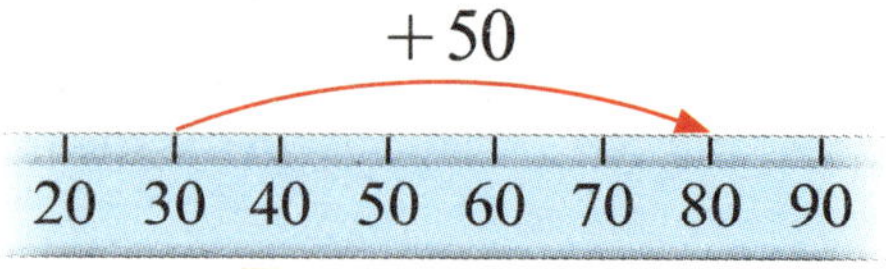

□+□=□

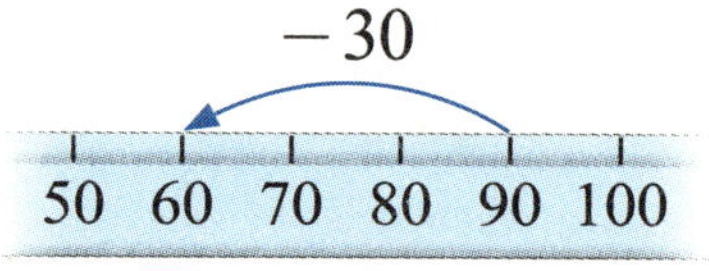

□−□=□

3.

60+30=	70+20=	50+20=	10+30+50=
90−20=	80−50=	60−50=	90−50−20=

4. 找孩子（连线）。

5. 提出一个数学问题，并解答。

采松果

● 你能提出哪些数学问题？

一共采了多少个松果？

松鼠妈妈比小松鼠多采了多少个松果？

● 一共采了多少个松果？

□○□=□（个）

再放4根。

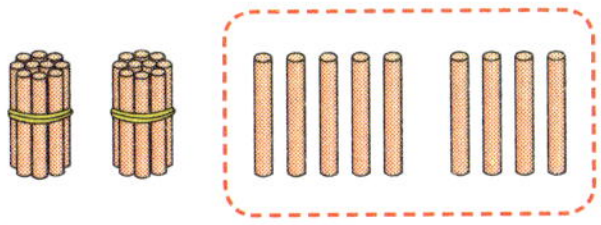

个位上再拨4个珠子。

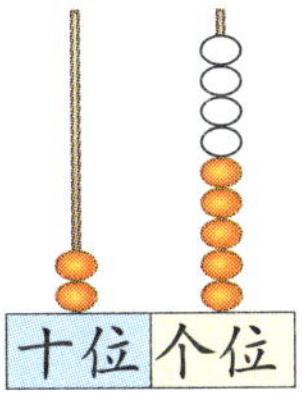

$5+4=9$
$20+9=29$

答：一共采了____个松果。

● 松鼠妈妈比小松鼠多采了多少个松果？

□○□=□（个）

拿走4根。

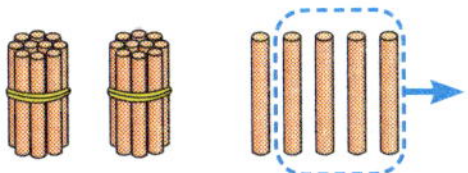

个位上拨走4个珠子。

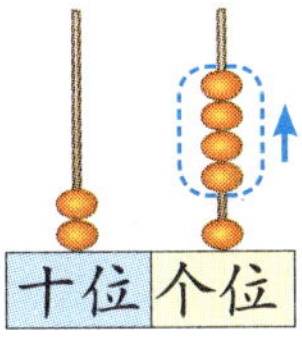

$5-4=1$
$20+1=21$

答：松鼠妈妈比小松鼠多采了____个松果。

练一练

1. 提出一个数学问题，并解答。

我们有 3 名老师。

我们有 34 名同学。

2. 用计数器拨一拨，算一算。

$32+5=$　　　　$5+74=$　　　　$78-6=$

3.

还剩多少个？

我吃了 9 个。

原来有 19 个

□○□=□（个）

大恐龙比小恐龙长多少米？

身长 2 米　　身长 25 米

□○□=□（米）

4.

$4+65=$	$72+5=$	$67-2=$	$44-4=$
$83+6=$	$26+3=$	$88-5=$	$47-5=$

5. 想一想，填一填。

$42+3=$□	$62+5=$□	$7+40=$□
$3+42=$□	$5+62=$□	$40+7=$□

你能像上面那样写出两组算式吗？

□+□=□	□+□=□
□+□=□	□+□=□

青蛙吃虫子

一共吃了多少只虫子？

□○□=□（只）

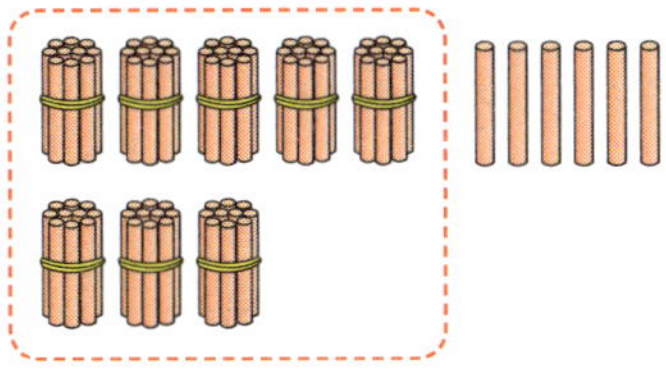

十位上再拨 3 个珠子。

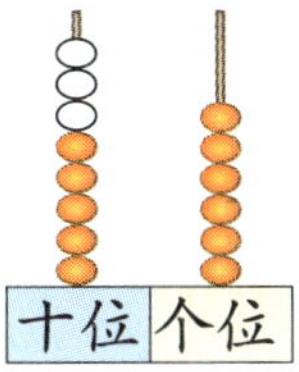

50 + 30 = 80
80 + 6 = 86

答：一共吃了____只虫子。

小青蛙比大青蛙少吃了多少只虫子？

□○□=□（只）

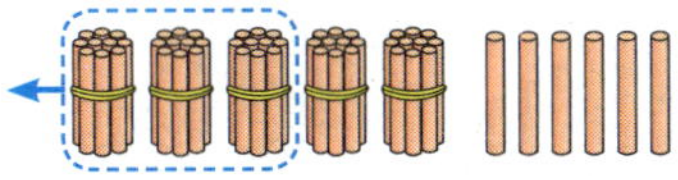

十位上拨走 3 个珠子。

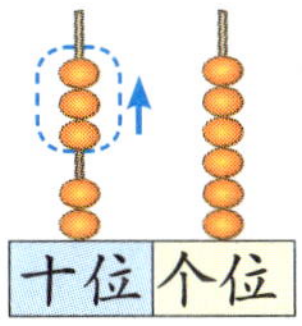

50 − 30 = 20
20 + 6 = 26

答：小青蛙比大青蛙少吃了____只虫子。

算一算，说一说。

个位上的数要和个位上的数相加减……

34 + 20 =　　71 − 10 =

34 + 2 =　　71 − 1 =

练一练

1.

(1) 一共吃了多少条虫子？

(2) 小啄木鸟比大啄木鸟少吃多少条虫子？

2. 用小棒摆一摆，算一算。

68＋30＝　　　　75－40＝

3. 看一看，填一填。

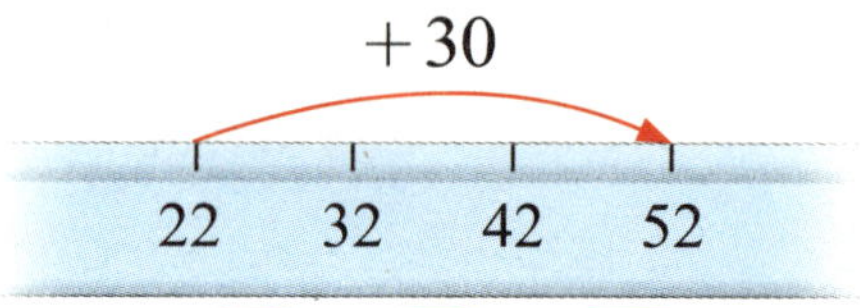

□＋□＝□

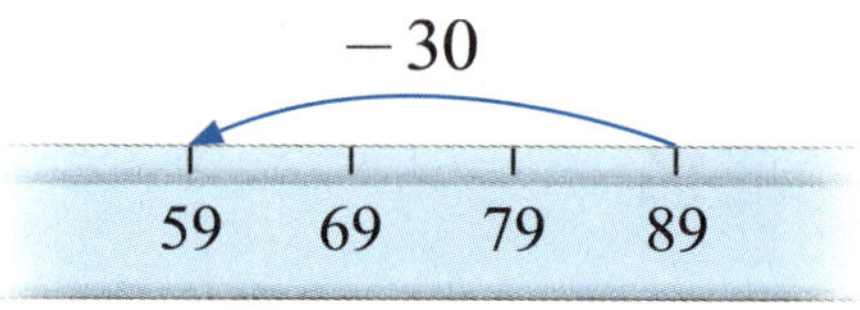

□－□＝□

4.

85－30＝	36＋50＝	98－80＝	74－50＝
56＋40＝	45＋20＝	66－60＝	30＋48＝

5. 跳走了多少只青蛙？

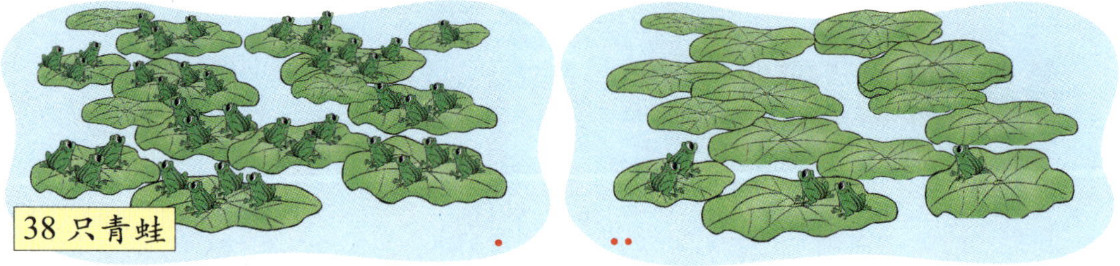

□○□＝□（只）

6. 每人1瓶水，还差多少瓶水？

拔萝卜

● 一共拔了多少个萝卜？

□○□=□（个）

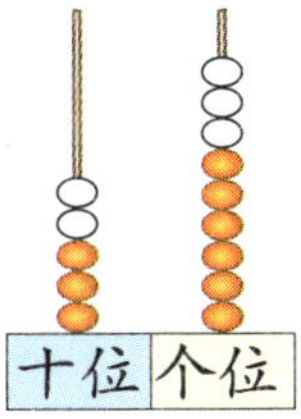

30+20=50
6+3=9
50+9=59

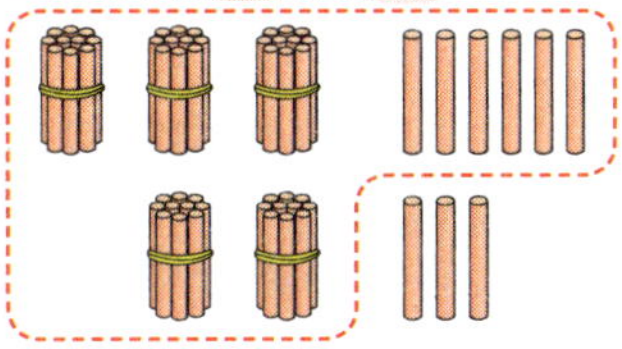

36+20=56
56+3=59

答：一共拔了____个萝卜。

● 认一认，算一算。

十位	个位
3	6
+ 2	3
	9

→

十位	个位
3	6
+ 2	3
5	9

● 用竖式计算。

25+71=

66+13=

40+49=

练一练

1. 用计数器拨一拨，算一算。

$46+23=$　　$56+42=$　　$63+35=$

2. 一共有多少个键？

3. 用竖式计算。

$37+12=$　　$5+63=$　　$72+27=$

4. 一共有多少只天鹅？

5. 一共收了多少棵白菜？

收玉米

● 笑笑比淘气少收了多少个玉米？

□○□=□（个）

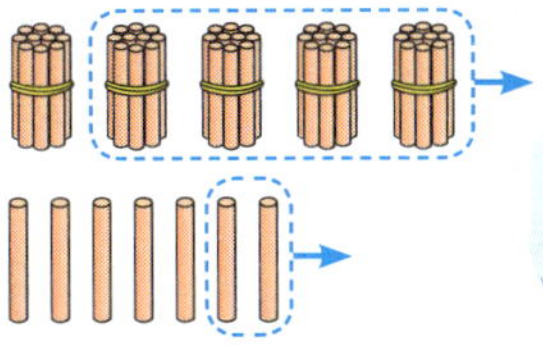

57－40＝17
17－2＝15

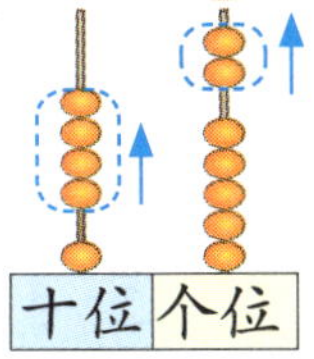

50－40＝10
7－2＝5
10＋5＝15

答：笑笑比淘气少收了____个玉米。

● 你能用竖式算一算吗？想一想，填一填。

$$\begin{array}{rr} \text{十位} & \text{个位} \\ 5 & 7 \\ -\,4 & 2 \\ \hline & \square \end{array} \longrightarrow \begin{array}{rr} \text{十位} & \text{个位} \\ 5 & 7 \\ -\,4 & 2 \\ \hline \square & \square \end{array}$$

● 说一说，错在哪里？

$$\begin{array}{rr} 6 & 5 \\ - & 3 \\ \hline 3 & 5 \end{array} \qquad \begin{array}{rr} 3 & 4 \\ -\,1 & 1 \\ \hline 4 & 5 \end{array} \qquad \begin{array}{rr} 7 & 6 \\ +\,1 & 2 \\ \hline 6 & 4 \end{array}$$

练一练

1. 用计数器拨一拨，算一算。

37 − 25 =　　　　42 − 11 =　　　　45 − 24 =

2. 还有多少个气球没有吹？

3. 用竖式计算。

$$\begin{array}{r} 44 \\ +\ 32 \\ \hline \end{array} \qquad \begin{array}{r} 54 \\ -\ 23 \\ \hline \end{array} \qquad \begin{array}{r} 76 \\ +\ 23 \\ \hline \end{array} \qquad \begin{array}{r} 68 \\ -\ 11 \\ \hline \end{array}$$

4. 森林医生。

5. 树上还有多少个桃子？

回收废品

塑料埋在地下很多年都不会“腐烂”，它对环境的危害可大了！

● 你能提出哪些数学问题？

● 小红收集了多少个？

小林：○○○○○○○○○○○○○

小红：○○○○○○○○○○○○○　○○○

□○□=□（个）

答：小红收集了____个。

● 小青收集了多少个？

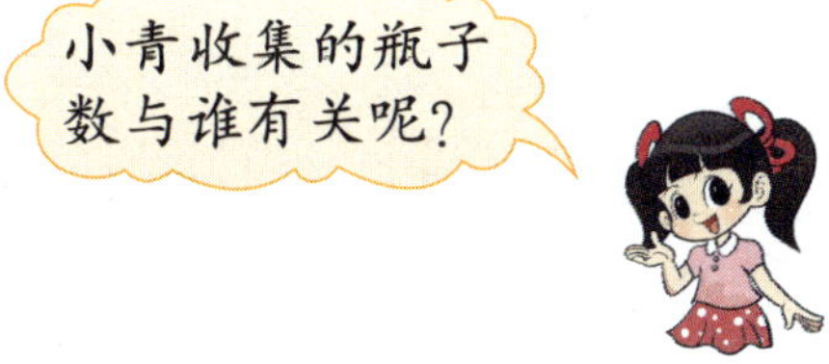

□○□=□（个）

答：小青收集了____个。

练一练

1. 看图提出两个数学问题，并解答。

2. 画一画，算一算。

(1) ●比▲多 5 个。

▲▲▲▲▲▲▲

____

□○□=□（个）

(2) ▲比●少 7 个。

●●●●●●●●●●●●●

____

□○□=□（个）

3. 笑笑折了多少颗？

4. 给希望小学捐书。

5.

$42+34=$	$34+5=$	$65-2=$	$78-60=$
$56-21=$	$40+23=$	$6+32=$	$59-4=$

练 习 三

1. 用计数器拨一拨，算一算。

7 + 60 =　　76 − 14 =　　20 + 43 =　　57 − 3 =

2. 看一看，填一填。

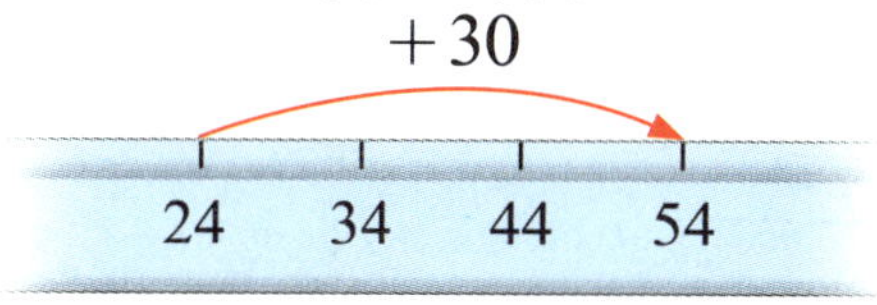

□ + □ = □

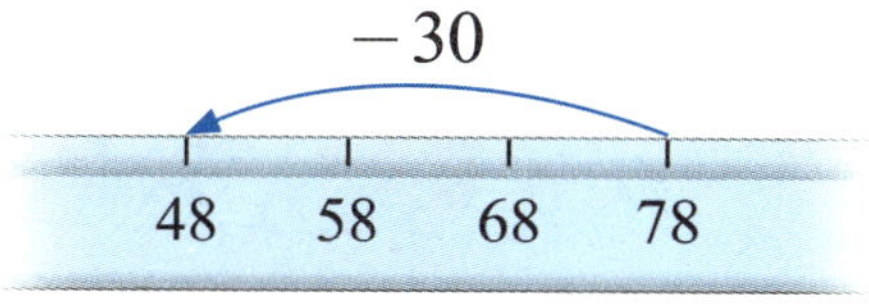

□ − □ = □

3.

30 + 50 =	40 + 16 =	67 − 30 =	58 − 6 =
80 + 16 =	84 − 40 =	14 + 22 =	96 − 51 =

4.

$$\begin{array}{r} 78 \\ -\ 32 \\ \hline \end{array} \qquad \begin{array}{r} 65 \\ +\ 34 \\ \hline \end{array} \qquad \begin{array}{r} 56 \\ +\ 23 \\ \hline \end{array} \qquad \begin{array}{r} 99 \\ -\ 35 \\ \hline \end{array}$$

5. 小熊投篮。

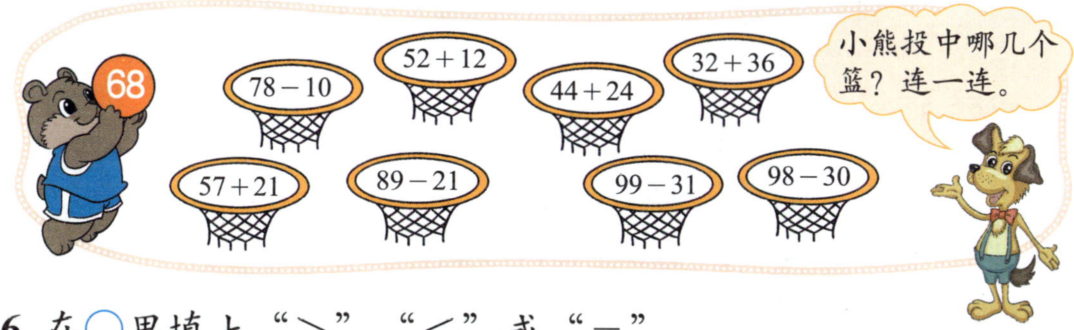

6. 在○里填上“>”“<”或“=”。

87 + 10 ○ 78 + 10	46 − 5 ○ 46 − 4	71 + 6 ○ 72 + 6
34 + 23 ○ 41 + 16	86 − 40 ○ 86 − 4	96 − 50 ○ 6 + 50

7. 森林医生。

8.

9. 回收废电池。

(1) 丽丽回收了多少节？

(2) 小军回收了多少节？

10. 再写3个算式。

11. 妈妈有 100 元钱，要买一套衣服，可以怎么买？应付多少元？请你想出一种买法。

①	②	③	④	⑤
46 元	52 元	34 元	53 元	41 元

12. 顽皮的小狗。

13. 神奇的算式。

11 + 11 = □	22 − 11 = □
12 + 21 = □	33 − 21 = □
13 + 31 = □	44 − 31 = □
14 + □ = □	55 − □ = □
□ + □ = □	□ − □ = □
□ + □ = □	□ − □ = □
□ + □ = □	□ − □ = □
□ + □ = □	□ − □ = □

数学好玩

分扣子

活动任务：按不同标准将扣子进行分类。

议一议

你准备怎么分？与同伴交流。

做一做

1. 分一分上面的扣子。

2. 与同伴交流，你有什么新的想法？

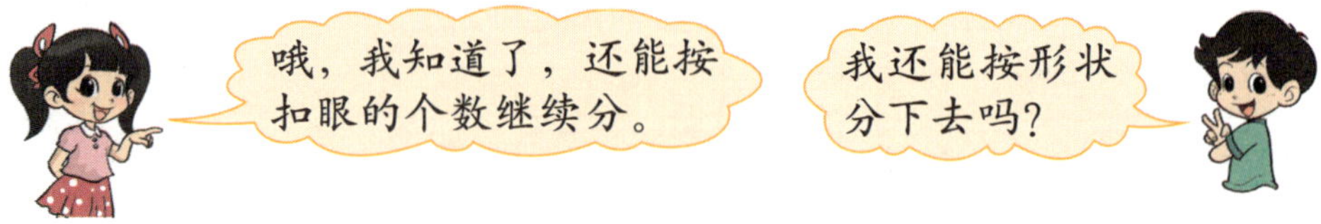

3. 下面是淘气和笑笑分的结果，你是怎么分的？

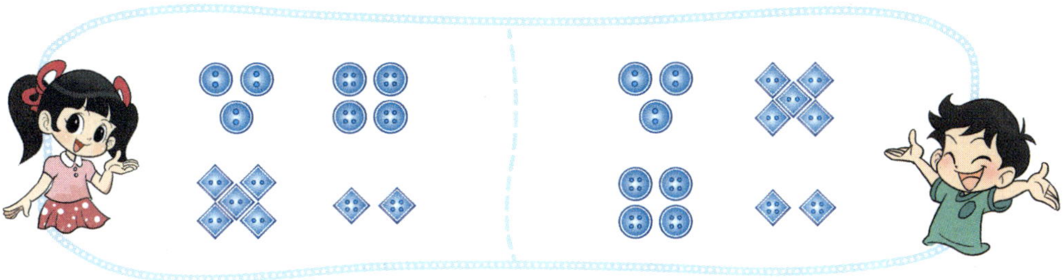

想一想

1. 比较淘气和笑笑分的结果，你有什么发现？

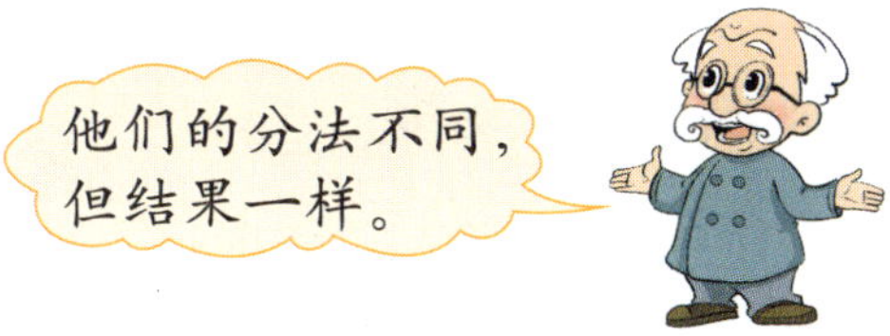

2. 按不同标准分下面的扣子，一直分下去，结果一样吗？分分看。

自我评价

在这次活动中，我的表现是：

能找到合适的分类方法。			
能主动参与分类活动。			
在活动中能积极思考。			

填数游戏

● 合作闯关。

游戏规则：

- 每个空格中只能填1，2，3中的一个。
- 每一横行、每一竖行的数字不能重复。

1		
	1	
	2	1

(1) 你能看懂游戏规则吗？说一说。

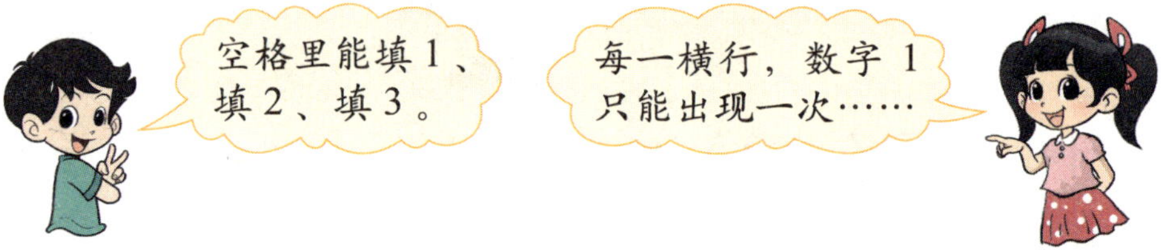

(2) 试着做一做，有困难吗？

(3) 接着做下去，说说你是怎么想的。

● 更上一层。

规则和上面一样，只是空格里可以填1，2，3，4，5中的一个。

5	1			3
1	3			4
4	2		1	5
2		4	3	1
3	4	1		2

5	1			3
1	3			4
4	2	3	1	5
2	5	4	3	1
3	4	1	5	2

接下来怎么办呢？

第一横行第三个格只能填2和4，但第三竖行有4了，所以只能填2……

● 数字迷宫。

按照从51到100的顺序走走看，遇到★要填一个数才能通过。

在★处填上56就可以通过第一关！

结束

62	85	86	90	91	94	92	95	100
63	★	87	88	89	90	★	94	99
60	83	82	81	80	81	92	93	98
59	60	61	64	79	94	93	96	97
58	69	62	79	78	77	94	★	94
57	★	63	64	65	76	77	96	95
57	55	54	55	66	★	74	93	96
51	52	53	68	67	69	73	98	97
52	54	54	69	70	71	72	99	98

开始

六　加与减（三）

图书馆

●  和  共有多少本？摆一摆，算一算。

□○□=□（本）

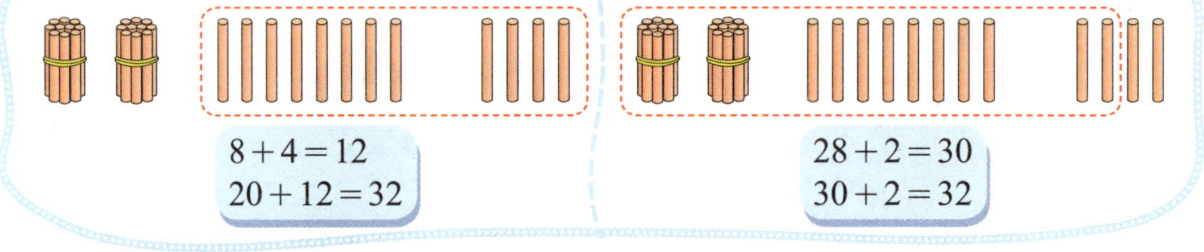

答： 和  共有____本。

● 你能用竖式算一算吗？

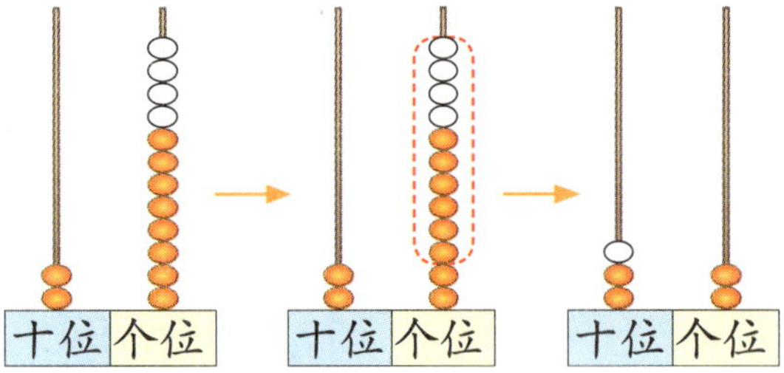

	十位	个位
	2	8
＋	₁	4
	3	2

●  和  共有多少本？

□○□=□（本）

答： 和  共有____本。

试一试

● 第二层书架上有多少本书？画一画，填一填。

□○□=□（本）

答：第二层书架上有____本书。

● 第三层书架上有多少本书？画一画，算一算。

□○□=□（本）

答：第三层书架上有____本书。

练一练

1. 圈一圈，算一算。

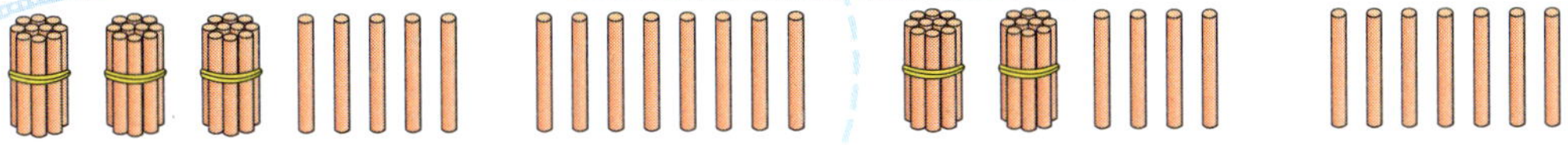

35＋8＝□（根）　　24＋7＝□（根）

2. 用竖式算一算。

58＋7＝　　5＋32＝　　38＋6＝　　8＋27＝

3. 兔哥哥摘了多少个?

4. 画一画，算一算。

47＋9＝□

5. 森林医生。

6. 在○里填上“＞”“＜”或“＝”。

12＋9 ○ 11＋9　　32＋7 ○ 7＋32

67－4 ○ 67＋4　　24＋7 ○ 24＋70

7. 这一排共有□人。

摘苹果

● 估一估，这个箱子装得下吗？

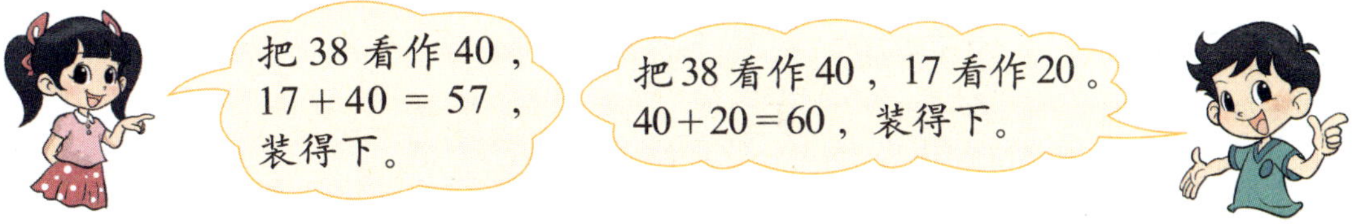

● 一共摘了多少个苹果？算一算，说一说。

□○□＝□（个）

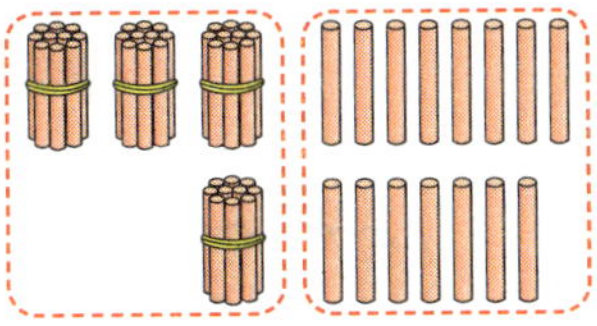

30+10＝40
8+7＝15
40+15＝55

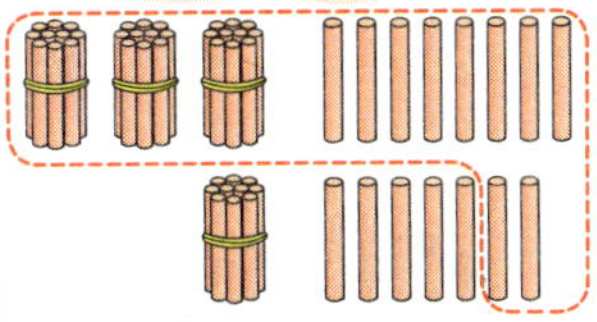

38+2＝40
40+15＝55

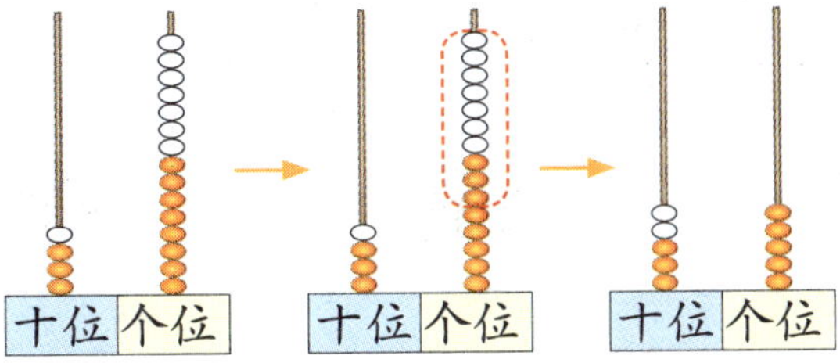

十位	个位
3	8
+ 1	7
5	5

（个位相加满十，向十位进 1）

答：一共摘了____个苹果。

● 算一算，说一说。

相同数位对齐，从个位算起。

37+24＝

46+54＝

个位满十，向十位进1，十位满十……

练一练

1. 估一估，哪两袋珠子合起来够穿一条项链？

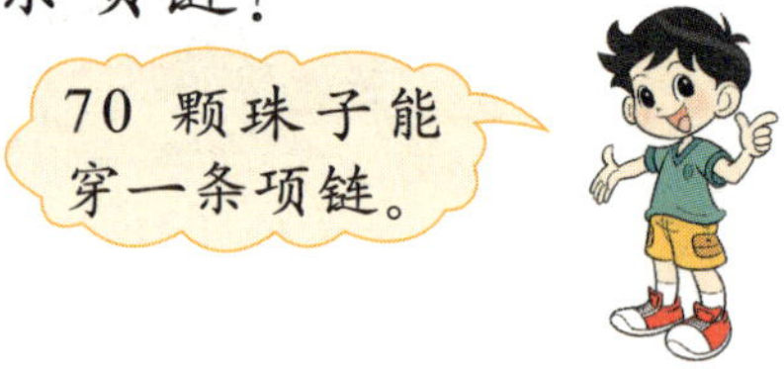

2. 用小棒或计数器做一做，算一算。

$27+24=$　　$35+15=$　　$69-11=$　　$38+62=$

3. 用竖式计算。

$26+7=$	$18+27=$	$3+39=$
$26+27=$	$18+47=$	$23+39=$

4. 森林医生。

5. 每辆车最多能坐 60 人，哪两个班合坐一辆车最合适？

练 习 四

1. 圈一圈，算一算。

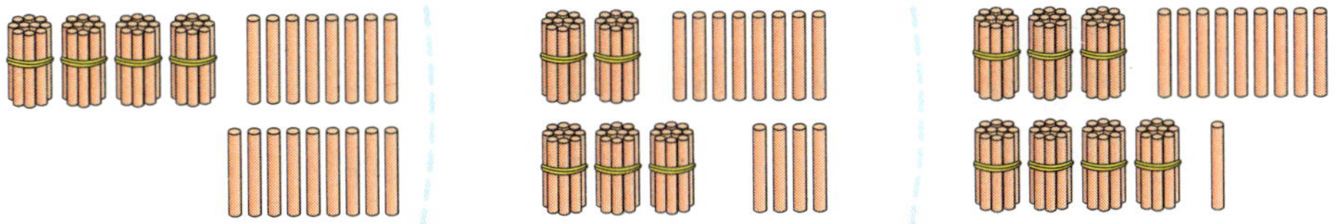

48＋9＝□（根） 28＋34＝□（根） 39＋41＝□（根）

2. 画一画，算一算。

43＋9＝□

3. 找朋友。

4. 用竖式计算。

23＋17＝ 67＋15＝ 71＋29＝ 55－50＝

5. 把茶杯全部放进纸箱里，能装得下吗？

6. 淘气套中了两个，共得 42 分，他套中的可能是哪两个？写出两组。

7.

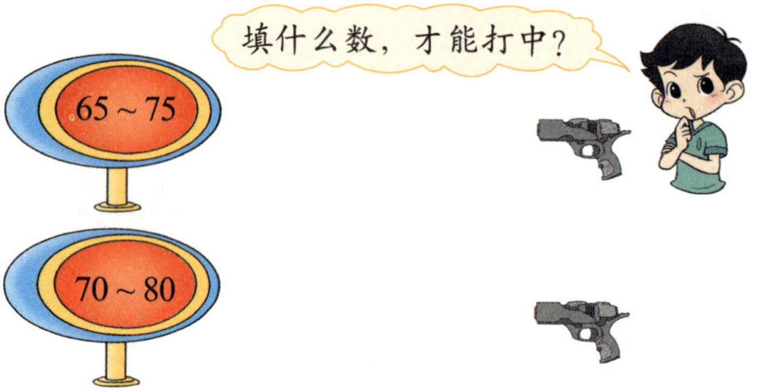

20 + ____
35 + ____
16 + ____

50 + ____
38 + ____
44 + ____

8. 数学游戏。

两人轮流拿卡片。

(1) 每人每次拿两张卡片，将卡片上的数相加，结果要小于 100。

(2) 填表并比较两人每次的得数，把大的得数“圈”起来。

(3) 连续玩 5 次，注意拿过的卡片不能再用。谁的“圈”多谁就获胜。

阅览室

	儿童画报	故事书	连环画
原有	30 本	25 本	46 本
借走	7 本	8 本	9 本

● 儿童画报还剩多少本？ □○□=□（本）

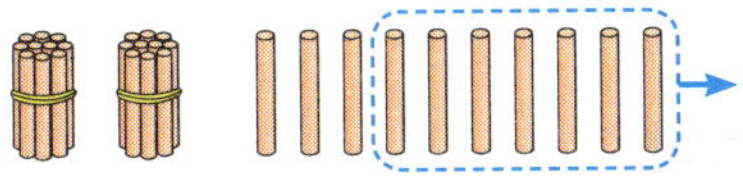

10－7＝3
20＋3＝23

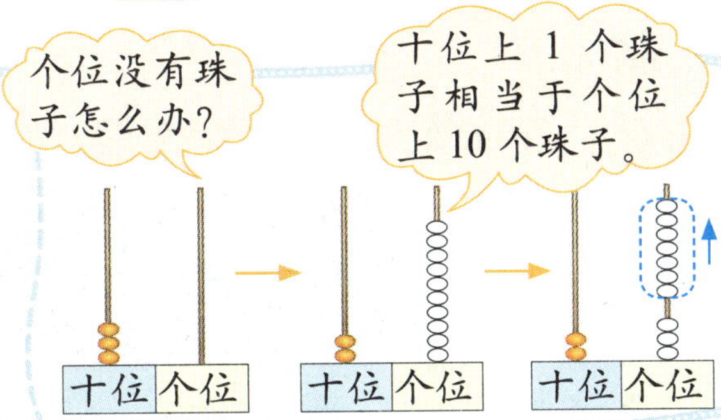

答：儿童画报还剩____本。

● 你能用竖式算一算吗？

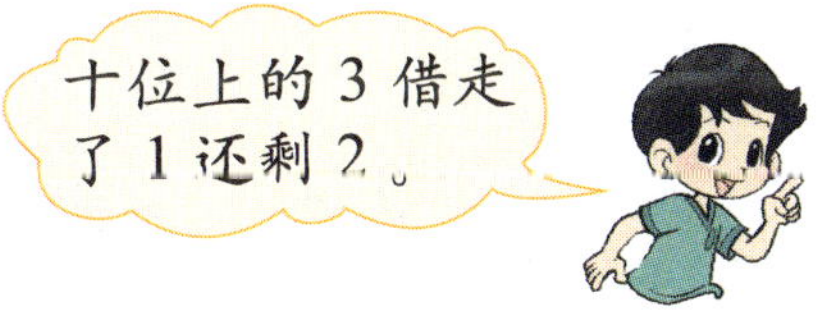

十位 个位

$$\begin{array}{r} \dot{3}\ 0 \\ -\quad 7 \\ \hline 2\ 3 \end{array}$$

● 故事书还剩多少本？

□○□=□（本）

15－8＝7
7＋10＝17

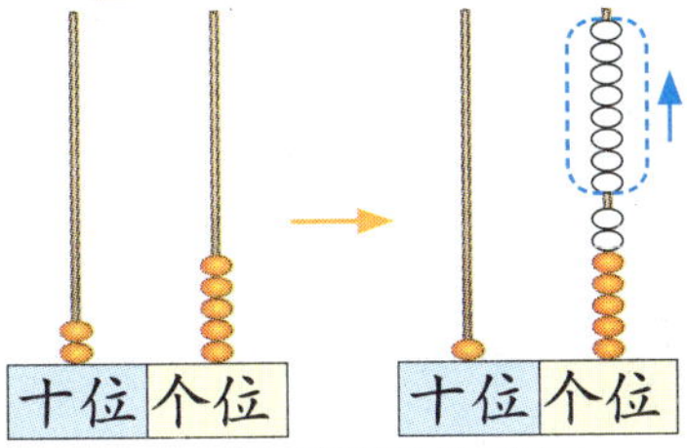

十位 个位

$$\begin{array}{r} \dot{2}\ 5 \\ -\quad 8 \\ \hline 1\ 7 \end{array}$$

答：故事书还剩____本。

试一试

● 收了多少个玉米？

□○□=□（个）

答：收了____个玉米。

● 说一说，下面的计算对吗？如何修改？

● 淘气是这样算的，看一看，说一说。

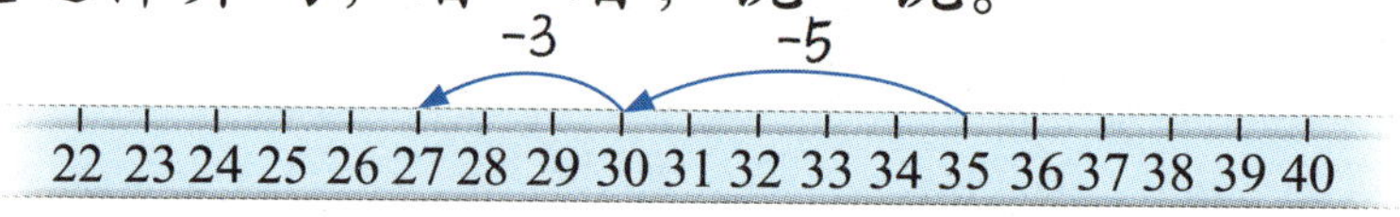

练一练

1. 用小棒或计数器做一做，算一算。

42 − 6 =　　　50 − 3 =　　　54 − 8 =

2. 想一想，算一算。

10 − 7 =	13 − 5 =	100 − 1 =
30 − 7 =	23 − 5 =	100 − 2 =
50 − 7 =	33 − 5 =	100 − 3 =

3. 用竖式计算。

48 − 9 =　　　53 − 6 =　　　70 − 7 =　　　32 − 3 =

4. 森林医生。

5.

40−9=	81−4=	73−8=	56−7=
62−6=	9+45=	46−8=	36+5=
49+27=	91+9=	85−15=	32−8=

6.

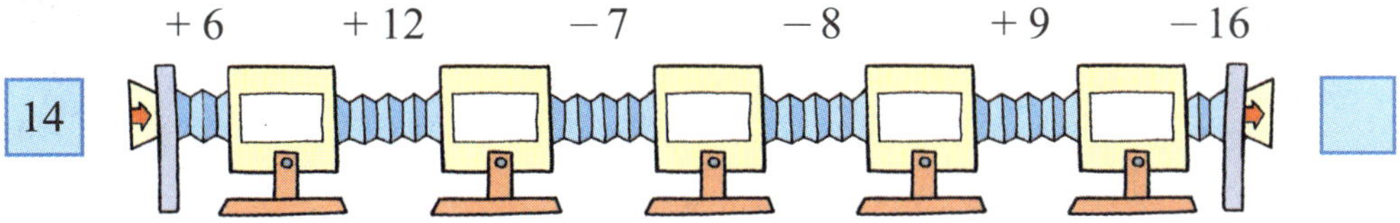

7. 乘车。

8.

跳绳

小红	小亮	小东
40 下	28 下	32 下

● 小红比小亮多跳多少下？

□○□＝□（下）

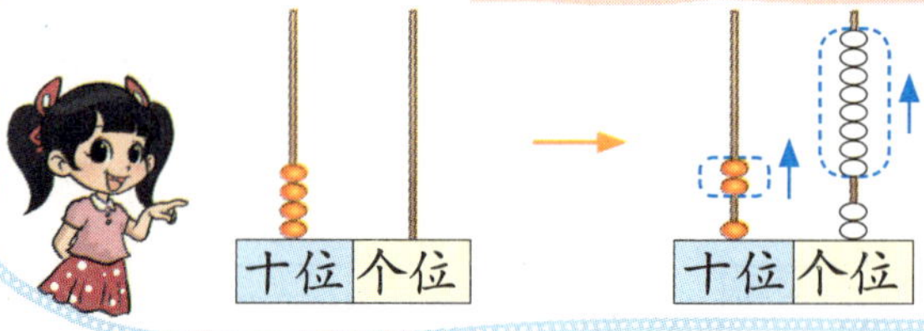

十位 个位

$$\begin{array}{r} \dot{4}\,0 \\ -\,2\,8 \\ \hline 1\,2 \end{array}$$

答：小红比小亮多跳____下。

● 小亮比小东少跳多少下？

□○□＝□（下）

十位 个位

$$\begin{array}{r} \dot{3}\,2 \\ -\,2\,8 \\ \hline 4 \end{array}$$

答：小亮比小东少跳____下。

● 算一算，说一说。

21－2＝	53－6＝	70－34＝

试一试

● 100 − 48 = ？ 他们的做法你能看懂吗？

● 拨一拨，再试着用竖式算一算。

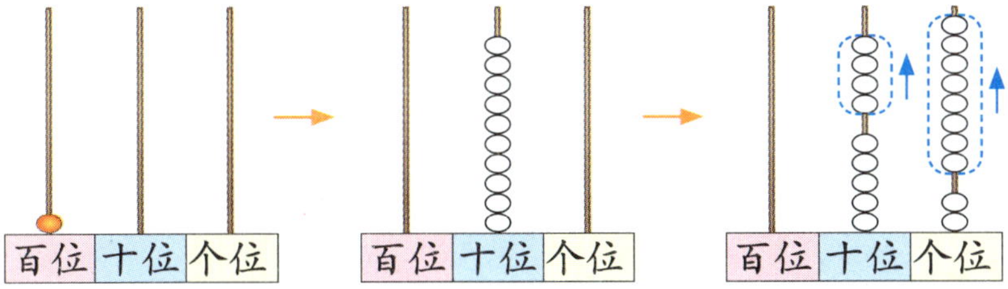

$$\begin{array}{rccc} & 百位 & 十位 & 个位 \\ & \dot{1} & \dot{0} & 0 \\ - & & 4 & 8 \\ \hline & & 5 & 2 \end{array}$$

练一练

1. 用小棒或计数器做一做，再用竖式算一算。

85 − 58 =	44 − 27 =	80 − 55 =	64 − 19 =

2. 买 1 个羽毛球拍多少元？

3. 算一算，并说说你的方法。

100 − 53 =　　　　100 − 18 =

4. 回家。

5.

53 + 21 =	65 − 15 =	34 − 26 =
72 − 9 =	32 − 17 =	80 − 16 =
5 + 39 =	63 − 8 =	100 − 39 =

6. 谁先到对岸？

7. 运动员集合。

练 习 五

1. 用小棒或计数器做一做，再用竖式算一算。

90 − 47 =	57 − 19 =	100 − 28 =

2. 森林医生。

$39+51=80$

$$\begin{array}{r} 3\ 9 \\ +\ 5\ 1 \\ \hline 8\ 0 \end{array}$$

$40-16=36$

$$\begin{array}{r} 4\ 0 \\ -\ 1\ 6 \\ \hline 3\ 6 \end{array}$$

$100-27=83$

$$\begin{array}{r} 1\ 0\ 0 \\ -\ \ \ 2\ 7 \\ \hline 8\ 3 \end{array}$$

3. 回家。

4. 还剩多少个松果？

5.

6. 画出跷跷板。

7. 集邮。

(1) 乐乐有多少张邮票？

(2) 晶晶有多少张邮票？

8. 得数排队。

(1)

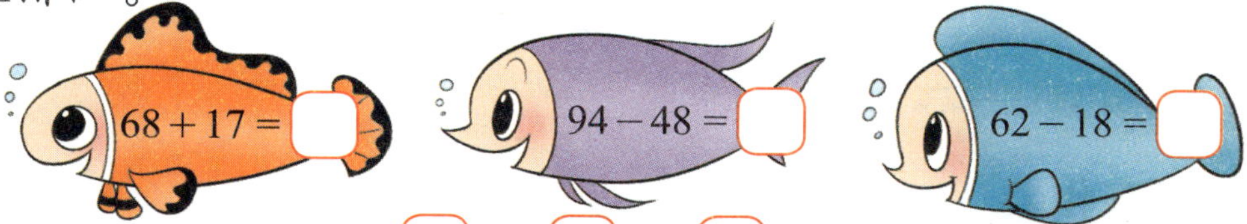

□ > □ > □

(2)

□ < □ < □

9.

(1) 小明有 50 元钱，可以买哪三个玩具？把这三个玩具圈起来。

(2) 一辆小汽车比一个布娃娃贵多少元？

(3) 小亮买了一辆小汽车，售货员找回 64 元，他给了售货员多少元？

(4) 再提出一个数学问题，并解答。

10. 猜猜我是多少。

□　□　□

总复习

回顾与交流

数与代数

独立思考

1. 你认识了哪些数？能按顺序数一数吗？
2. 你能用几种不同的方法表示 32 这个数？
3. 怎样比较两个数的大小？举例说一说。
4. 用竖式计算，并利用小棒或计数器说说你是怎么计算的。

   $45+27=$　　$65-18=$　　$73+27=$　　$100-19=$
5. 把你经常出错的题目写下来，说一说计算中应该注意什么。
6. “50－18”可以解决生活中的什么问题？举出两个例子。
7. 提出一个数学问题，并解答。

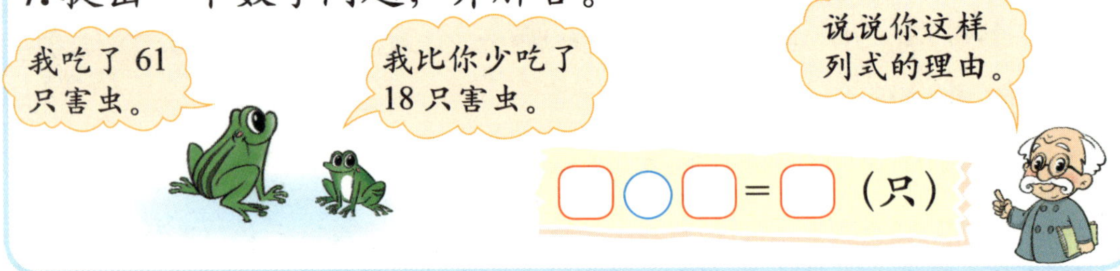

相互启发

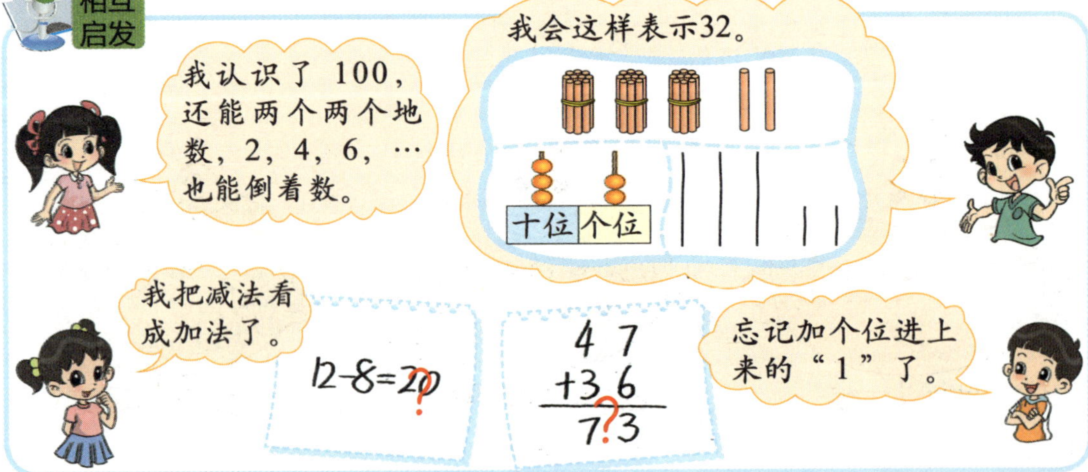

图形与几何

独立思考

1. 这学期你学过哪些图形？用自己的语言说一说，你学过的图形都是什么样子的？并试着画一画。

2. 下面的图案分别是由哪些图形组成的？你能设计出一幅有趣的图案吗？

3. 他们分别看到了什么？连一连。

相互启发

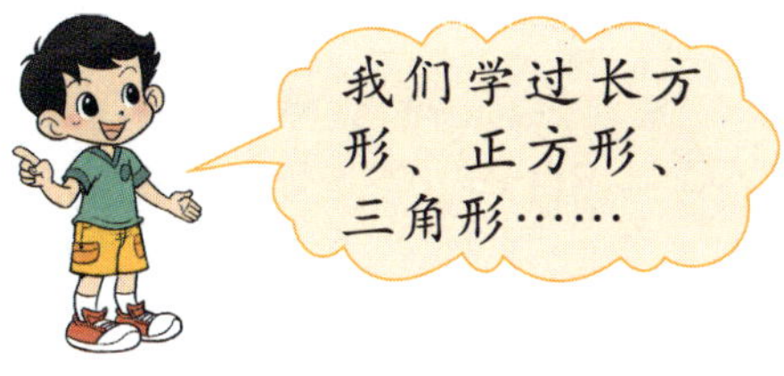

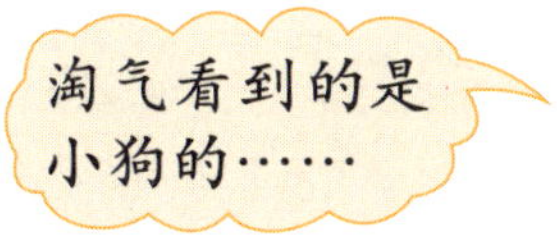

练习

数与代数

1. 填一填。

2. 看一看，填一填。

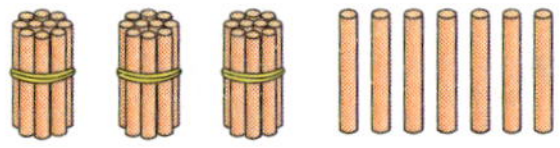

37 里有（ ）个十和（ ）个一。

24 里有（ ）个十和（ ）个一。

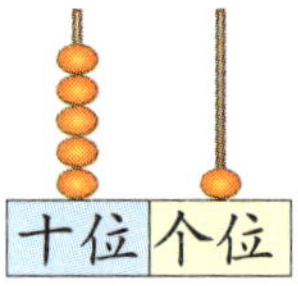

51 里有（ ）个十和（ ）个一。

3. 连一连。

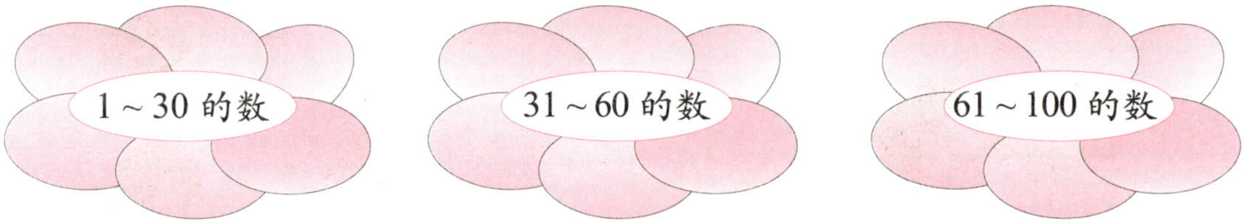

4.

$40+30=$	$45+7=$	$69-50=$	$97-6=$
$30+65=$	$9+36=$	$53-8=$	$84+7=$

5. 用竖式计算。

58＋37＝　　94－35＝　　85＋15＝　　98－89＝

6. 在○里填上“＞”“＜”或“＝”。

34＋29○29＋34　　53－36○54－36

49－37○49－36　　57＋38○57＋34

7.

河里有一群鸭，小鸭有27只，大鸭比小鸭少15只，大鸭有多少只？

8. 算一算，说一说。

1	2	3	4	5	6	7	8	9	10
11	12	13	14	15	16	17	18	19	20
21	22	23	24	25	26	27	28	29	30
31	32	33	34	35	36	37	38	39	40
41	42	43	44	45	46	47	48	49	50

15＋16＝
25＋26＝

15＋25＝
16＋26＝

15＋26＝
16＋25＝

你发现了什么？请你在表中照样子圈出四个数试一试。

9. 少年宫组织两队同学参加夏令营，每队有 3 位老师，每辆车可坐 50 名乘客。

需要（ ）辆车，
还有（ ）个空座位。

10.

提出两个数学问题，并试着解答。

11. 运木头。

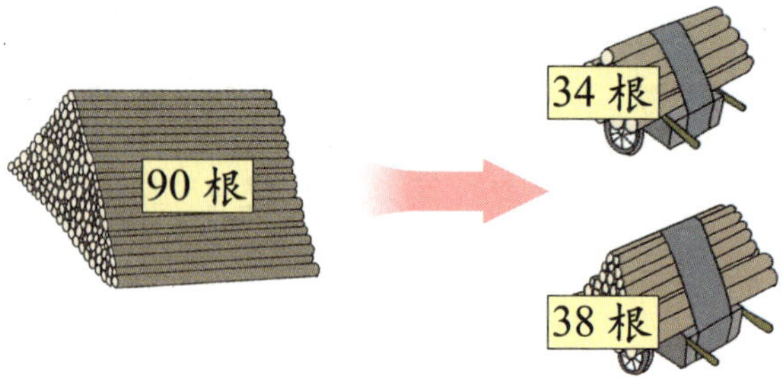

（1）一共运了多少根？
（2）还剩多少根？

12.

			合计
23 张	38 张		92 张

（1） 和  一共有多少张？

（2） 有多少张？

（3）再提出一个数学问题，并试着解答。

13. 套圈游戏。

(1) 他们各套中哪两个?

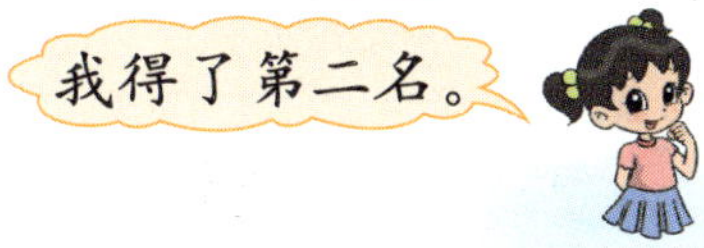

(2) 妙想可能套中哪两个?

14.

跳绳成绩记录表

姓名	刘平	张晓	李月	王立
成绩	76 下	95 下	83 下	100 下
名次				

(1) 把他们的名次排出来，填在表中。

(2) 最多的跳____下，最少的跳____下，相差____下。

(3) 第二名比第三名多跳____下。

(4) 第四名再跳____下，就和第三名同样多。

(5) 再提出一个数学问题，并试着解答。

图形与几何

1. 找一找。

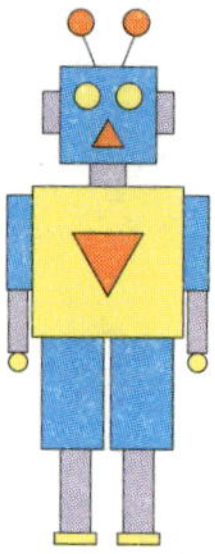

图中有____个▭，

有____个□，

有____个△，

有____个○。

图中有____个▭，

有____个□，

有____个△，

有____个○。

2. 下面每幅图分别是谁看到的？连一连。

3. 用附页图 4 中的长方形纸折一折。

（1）把它分成两个三角形。

（2）把它分成两个长方形。

（3）把它分成一个正方形和一个长方形。

4. 你能仿照下图用学过的平面图形拼图吗？

本学期你学到了什么

1. ______________________________

2. ______________________________

3. ______________________________

问题银行

你在生活中发现了哪些数学问题？把它们记下来。你能解决吗？

附页

图 1

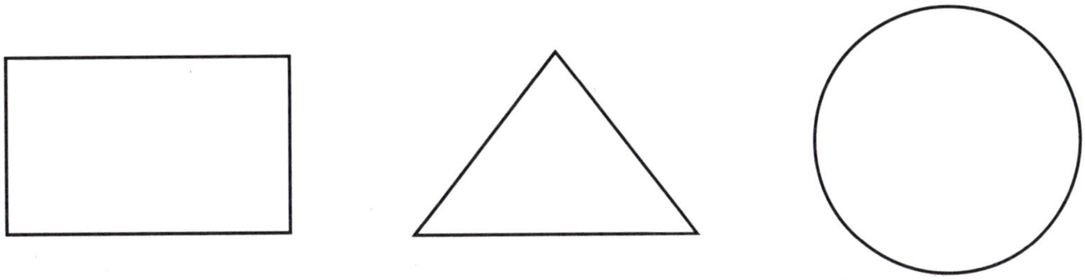

图 2

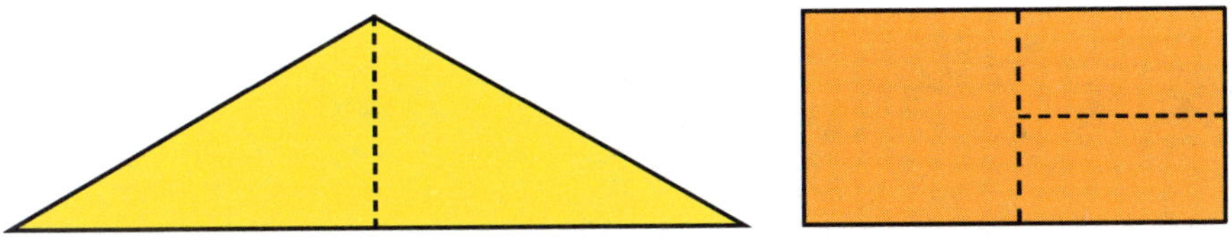

图 3

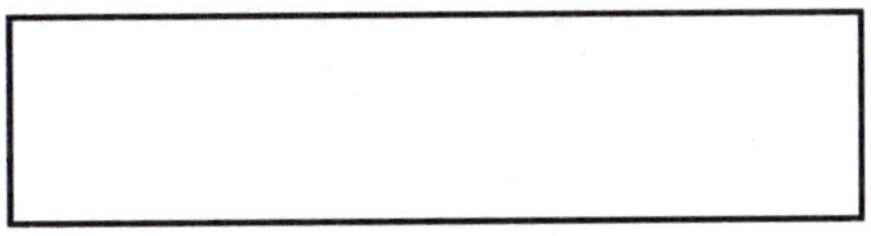

图 4

后　记

《北师大版义务教育教科书》由众多国家基础教育课程标准研制组负责人和核心成员、学科专家、教育专家、心理学专家和特级教师参加编写，研究基础深厚、教育理念先进、编写质量上乘、服务水平专业。教材力求反映国家基础教育课程标准精神，重视多种信息资源手段的利用，适当体现最新的学科进展，强调知识、技能与思想方法在实际生活中的应用，贴近学生生活，关注学生的学习过程，满足学生多样化的学习需求，促进每一位学生的全面发展。

《北师大版义务教育教科书·数学》(1～6年级)，又称《新世纪小学数学教科书》，充分体现新世纪数学课程改革的基本理念，以促进少年儿童健康成长为根本宗旨。此版本是《新世纪小学数学教科书》的第4版，在继承前3版教材优势的基础上，依据《义务教育数学课程标准(2011年版)》全面修订而成。

新版教科书形成了以下鲜明的特点：以“情境＋问题串”为基本呈现方式，力图实现课程内容的展开过程、学生的学习过程、教师的教学过程和课程目标的达成过程四位一体，利学利教，从而促进学生不断经历“从头到尾”思考问题的过程；力图向学生提供现实、有趣、富有挑战性的学习素材，为学生提供探索、交流的时间与空间，展现数学知识的形成与应用过程，满足不同学生发展的需求。目的是使学生：体会数学与大自然及人类社会的密切联系；获得与其年龄特点相适应的、必要的基础知识、基本技能、基本思想和基本活动经验；发展发现和提出问题、分析和解决问题的能力；了解数学的价值，提高学习数学的兴趣，增强学好数学的信心，具有初步的创新意识和科学态度。

新世纪小学数学教材主编刘坚、孔企平、张丹，编写组成员还有：胡光锑、刘可钦、王永、陶文中、王明明、朱德江、陈晓梅、张红、钱守旺、何凤波、华应龙、黄利华、赵艳辉、李铁安、位惠女、朱育红、任景业、侯慧颖。

本册教材由张红、刘可钦主编，参与本册教材修改与统稿的主要人员有：陈晓梅、侯慧颖、朱德江、黄利华、王明明、任景业、方莉萍、肖晓羽，最终由刘坚、张丹统稿、定稿；很多地方教研员、一线教师为新一轮教材的修订、改版提供了宝贵的意见。

特别需要说明的是，刘筱涵、刘一茜、邹忱烨、李瑞彤、丁牧云、殷佳欣、马常乐、罗得之、张婧怡、张潇达、韩乐然、毛美懿、陈召艾、赵云琦、艾森特、李子晗、李嘉轩、王朵、姜菡、张芷萌等小朋友和朱磊还应邀提供了他们的作品，在此一并表示感谢！

由于时间仓促，教材中的错误在所难免，恳请使用者批评指正。欢迎来电来函与我们联系：北京师范大学出版社基础教育分社(100875)，(010)58802836，58802832；北京师范大学基础教育课程研究中心数学工作室(100082)，(010)58435911，xsjmath@126.com。

北京师范大学出版社